NEW YORK THRIFTER

딕 캐럴 지음
유현선 옮김

워크룸 프레스

풀 컷 셔츠(full cut shirt): 가슴과 중간 부분이 넉넉한 전통적인 핏의 셔츠를 말한다. 허리가 잘록하고 어깨가 넓은 스타일이다. 셔츠 이외의 의복에서도 넉넉한 핏을 가리킬 때 풀 컷이라는 용어를 사용한다.

로퍼(loafers): 모카신 형태에서 발전한, 끈이 없는 구두를 말한다. 끈을 묶거나 풀지 않고 간단히 신고 벗을 수 있어 '게으름뱅이'(loafer)라는 이름이 붙었다. 로퍼의 기원에 대해서는 여러 설이 있지만 가장 유력한 것은 영국의 신발 회사 와일드 스미스 슈즈에서 조지 6세의 휴가용 신발로 만들었다는 설명이다. 로퍼의 일종인 페니 로퍼는 발등 부분의 덧댄 가죽을 다이아몬드 혹은 반달 모양으로 잘라 내 장식성을 더한 신발이다. 이런 형식 자체는 20세기 초반에 만들어졌지만, '페니'라는 별칭이 붙은

건 이보다 한참 뒤인 1950년에 이르러서다. 당시 미국의 예비 학교 학생들이 발등에 뚫린 구멍에 페니 주화를 끼워 넣어 신고 다닌 데에서 유래했다는 설명이 유력하지만 이를 입증할 만한 증거는 명확하지 않다. 혹자는 공중전화에 사용되는 잔돈을 넣고 다니던 습관에서 유래했다는 설명을 하기도 한다. 어느 쪽이 맞는 설명인지는 알 수 없지만, 페니 로퍼는 끈 없는 가죽 신발의 밋밋함을 보완하게 되었고 이후 캐주얼하면서도 포멀한 룩의 전형적 요소 중 하나로 발전했다.

알든(Alden): 1884년에 설립된 미국의 신발 제조 브랜드다.

언팁(untipped): 날 안쪽에 안감이 없는 대신 바느질로 마감한 넥타이를 말한다. 넥타이를 양복 조끼에 넣어 착용하던 시절에 주로 만들어지던 방식이다.

부처 스트라이프(butcher stripe): 정육점에서 일하는 노동자들이
입던 앞치마에 프린트된 눈에 잘 띄는 넓은 세로 줄무늬를 말한다.
전통적으로 정육점에서는 파란색 앞치마를 입었는데, 이는
10세기경 형성된 정육점 길드의 상징 색에서 유래한 것이다. 정육점
줄무늬는 다음 몇 가지 종류로 나뉜다. 넓은 줄무늬는 견습 과정
없이 일을 익힌 정육점 주인이 착용하는 것이고, 이와는 달리 견습
과정을 거친 정육점 주인은 좁은 줄무늬와 넓은 줄무늬가 함께 있는
앞치마를 입었다. 또한 세 줄 무늬 앞치마는 견습생을 가르치는
스승이 입었다.

THE ENDLESS QUEST

타탄(tartan): 스코틀랜드의 씨족에 전해지는 전통적인 격자무늬를 말하는 것으로 이중, 삼중의 복잡한 무늬를 특징으로 한다. 색깔 배합에 따라 여러 종류로 불리며 그중 (로열) 스튜어트 타탄은 붉은색 바탕 위에 파란색과 노란색이 겹쳐지는 것을 말한다. 이밖에 검정색과 녹색이 중심을 이루는 블랙워치 타탄, 갈색이 중심을 이루는 브라운워치 타탄 등도 있다. 격자 크기가 큰 타탄을 가리켜 타탄 플래드라 부르기도 한다.

J. C. 페니(J. C. Penney Company, Inc.): 미국의 대형 소매 체인점으로, 1902년에 설립되었다. 주로 의류, 가정용품, 신발, 액세서리 등 다양한 카테고리의 상품을 합리적인 가격에 제공하며, 중산층을 겨냥한 실용적이고 대중적인 스타일을 지향해 왔다. 클래식하고 실용적인 남성 의류로 특히 유명하며, 타탄 체크 셔츠는 그 대표적인 상품 중 하나로 꼽힌다.

Early Morning Shopping

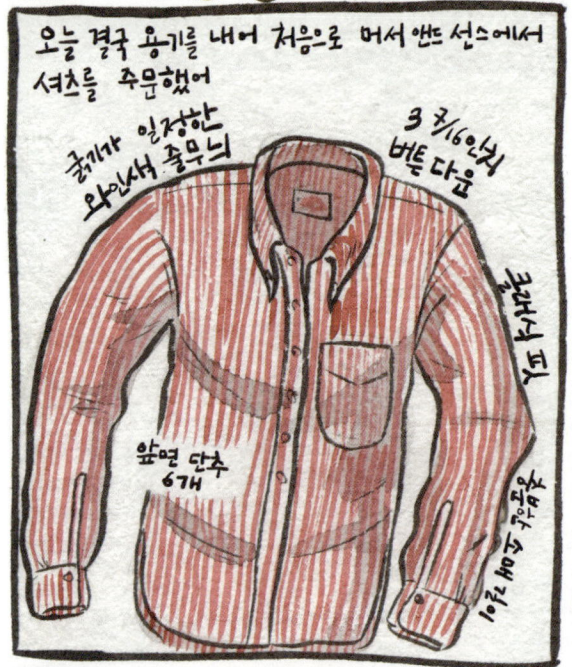

오늘 결국 용기를 내어 처음으로 머서 앤드 선즈에서 셔츠를 주문했어

그들의 웹사이트는 매력적이지만 기능적이진 않아. 마치 디지털로 접속가능한 아날로그 같았지

도대체 어떻게 작동하는 거야

기본적으로 주문을 하려면 이메일을 보내야 해.

이런, 심지어 주문서도 없네

정말 이상하다

그 뒤에는 전화해서 신용카드로 결제 하거나, 번거롭다면 이메일로 결제 정보를 보내도 돼.

난 모든걸 이메일로 보내는 편이야.

버튼다운(button-down): 칼라 끝을 몸 판에 단추로 여미게끔 만든 것을 가리킨다. 이런 방식으로 만들어진 셔츠를 버튼다운 셔츠라 부른다.

"it's not that bad"

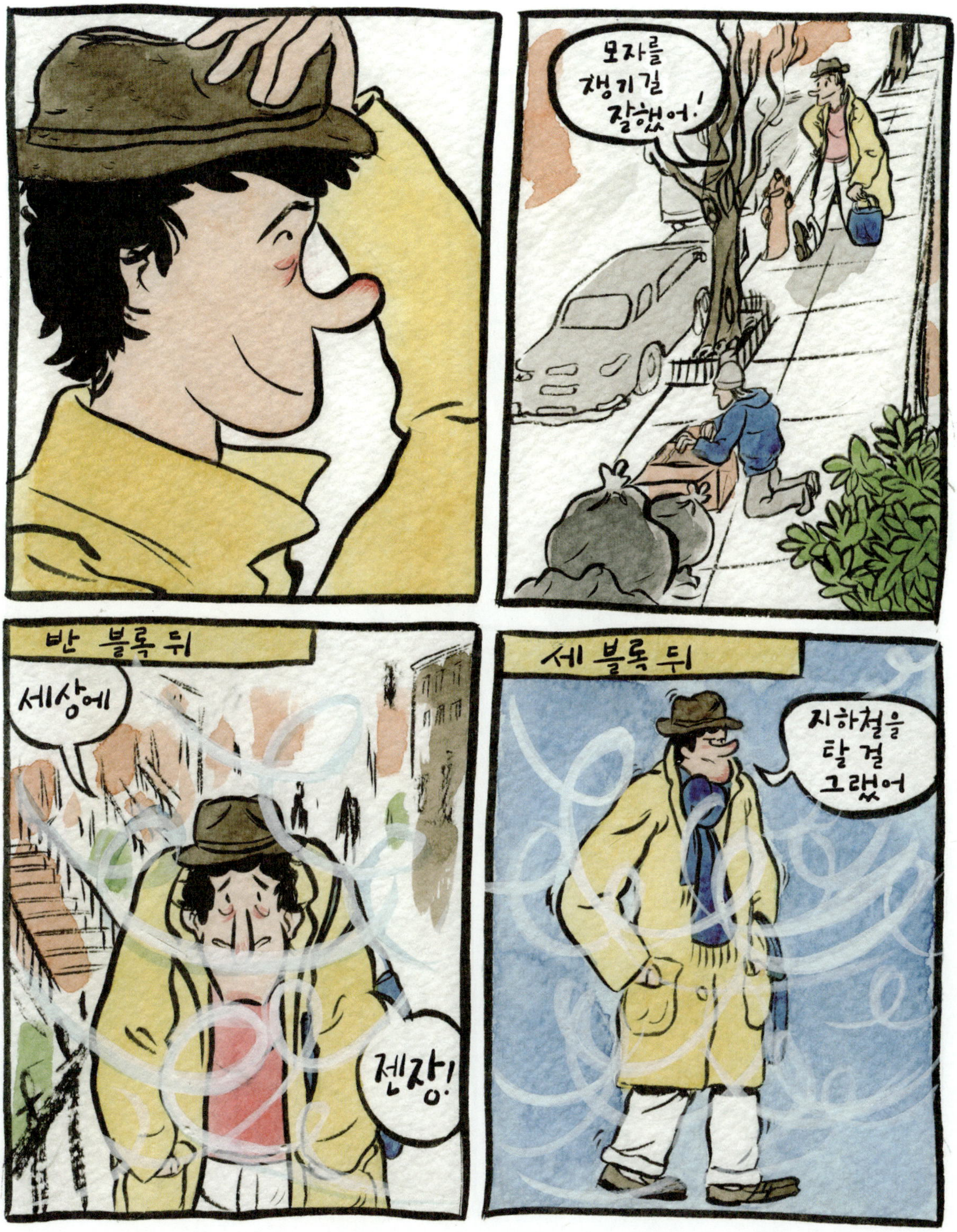

THE ENDLESS ODYSSEY

몇 차례의 겨울동안 캐멀 폴로 코트가 정말 갖고 싶었어

그리고 넉넉하고 묵직한걸 원했기 때문에 클래식 빈티지가 적합해 보였어.

이런 코트 정말 갖고 싶은데, 어떻게 생각해? 멋지지!

당신 이미 코트가 충분히 많은것 같아...

내 아내

사실 그렇지...

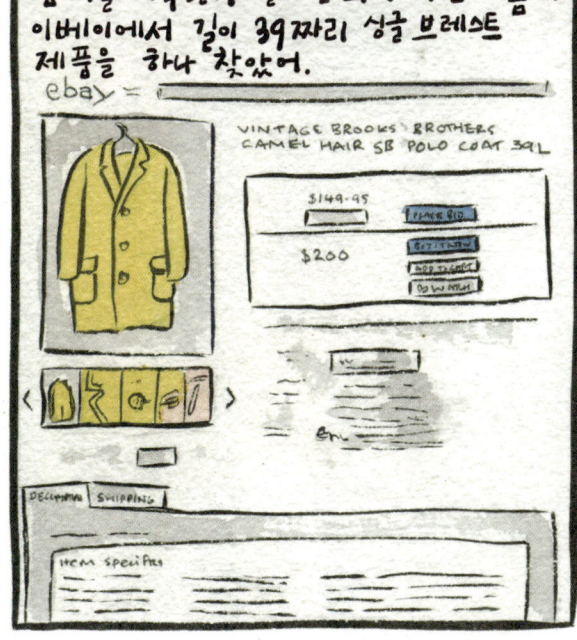

검색을 시작한지 얼마 안 되어 이번 여름에 이베이에서 길이 39짜리 성글 브레스트 제품을 하나 찾았어.

ebay

VINTAGE BROOKS BROTHERS
CAMEL HAIR SB POLO COAT 39L

$149.95   PLACE BID

$200

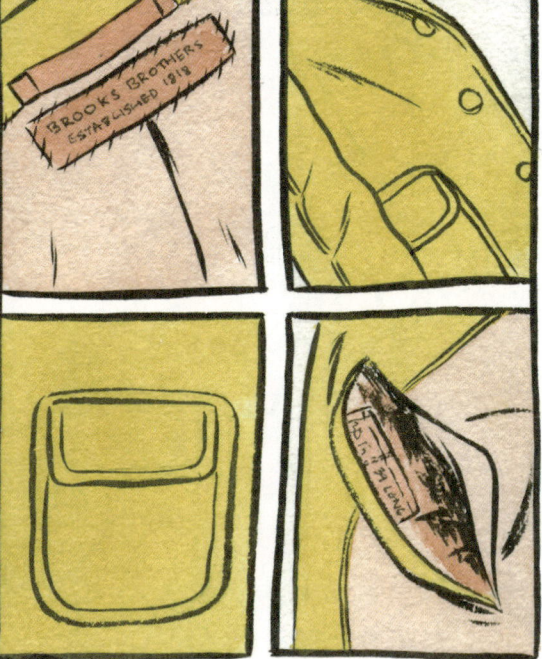

BROOKS BROTHERS
ESTABLISHED 1918

폴로 코트(polo coat): 폴로 경기 중 땀이 식는 것을 방지하기 위해 입던 코트다. 경기 도중 잠시 쉴 때 입었기 때문에 '대기 코트'(wait coat)라고 부르기도 하고, 낙타털을 주재료로 썼기 때문에 캐멀 코트라 말하기도 한다. 폴로 코트가 처음 만들어진 곳은 영국이 지배하던 인도였다. 당시 인도를 오가던 카라반 상인들은 내륙 사막에서 낙타털을 구해 인도에 공급했는데, 이것으로 가볍고 따뜻한 코트를 만들어 폴로 경기 중간중간 입기 시작한 것이다.

싱글브레스트(single-breasted): 양복 외투나 저고리에 달린 단추가 한 줄로 되어 있고 겹치는 섶이 좁은 것을 말한다. 옷섶을 깊게 겹쳐 단추를 두 줄로 단 것은 더블브레스트라 한다. 셔츠나 블라우스, 재킷, 코트 등 기능적인 옷이나 얇은 천의 옷에 사용되기도 한다.

그러나 더블브레스트가 아니었기 때문에
'♡' 버튼만 누르고는 검색을 계속했지.

꼭 맞는 것을
찾고야 말겠어.
계속 찾아봐야지.

몇 주후 술집에서 밤을 보내고
집에 돌아와 그 코트에 입찰했어.

얼마 지나지 않아 경매에
낙찰되었다는 이메일을 받았어.

뭐라고?

난
여기에
입찰한 기억이
없는데!?

몇 달째 입고 있는데 정말 마음에
들어서 더이상 더블브레스트 제품을
사고 싶어했던 사실이 생각나지 않을
정도야

약간 큰데...

나 좀
미친거같아

마음에 들어!

BAGGIER, BETTER

지난주에 내 머서 셔츠*가 준비되었다는 이메일을 받았어. 예상보다 약 5주 정도 빨랐어

＊'이른 아침의 쇼핑'화 참고

이미 결제 정보를 이메일로 보냈지만, 발송 전에 다시 전화로 확인해야 했지.

안녕, 친구!

안녕

아이러니하게도 셔츠를 주문한 유일한 이유는 형금이 충분했기 때문이었는데, 지금은 없어져 버렸어.

셔츠가 가지고 싶었지만 자금이 없었어

회사에서 가져와 줘서 고마워

정말 기대된다

받는사람: 딕 머서앤드센스

그래서 방법을 찾을때까지 전략적으로
이메일을 무시하고 후속 절차를 피했어.

나는 갈게

며칠 후, 마치 기다렸다는 듯이, 최근에
프리랜서로 참여했던 작업에 대한 수표가
우편으로 도착했어

데이브 머서에게 전화를 걸어 내 정보를
알려 줬는데, 머서앤드선스가 정말
'머서와 그의 아들들'이 하는 건가
보다 싶었어.

마침내

생각보다
만듦이
넉넉해네

15를
주문할걸
그랬어

오,
이런

토 박스(toe box): 발가락을 감싸는 신발의 끝 부분을 가리킨다.

홉색(hopsack): 원래는 맥주용 홉을 담기 위해 화마 혹은 아마로 짠 포대를 가리킨다. 최근엔 울 짜임이 거친 평직 트위드를 가리키는 용어로도 사용된다. 주로 재킷이나 청바지 소재로 사용된다.

겹솔 처리(lapped seams): 맞대 놓은 두 장의 천 가장자리를 약간 겹친 후 그 가운데를 박는 기법을 말한다. 심(芯)의 안감 등 얇은 것을 이을 때에 주로 사용한다.

코도반(cordovan): 말의 엉덩이 부위에서 채취해 타닌으로 무두질한 가죽. 중세 스페인의 코르도바(Córdova)에서 만들어졌기 때문에 이렇게 불린다. 매끈하고 차분한 광택이 있으며 기공이 없는 것이 특징이다. 검정이나 진한 적갈색이 많다.

웰트(welt): 갑피와 밑창 사이의 연결을 강화하기 위해 신발에 꿰매는 가죽 또는 기타 소재의 띠를 뜻한다.

패치 위드 플랩(patch with flap): 옷 겉면에 뚜껑을 붙여 덧붙인 주머니를 말한다. 인벨로프 포켓이라고도 한다.

롤(roll): 재킷의 라펠이 칼라 주름에서 단추까지 말려 내려오는 것을 말한다. 옷깃을 더 부드럽게 마무리하고 고급스럽게 보이도록 도와준다. 이 중 스리롤투 재킷(three-roll-two, 3/2 roll)은 나폴리 스타일의 싱글브레스트가 특징인 일반적 스타일을 말한다.

하프라인(half-lined): 재킷의 내부 솔기를 가리는 안감 구성품을 줄여 가볍게 만든 것을 말한다. 내부 솔기를 안감으로 가리는 풀 라인에 비해 구성품은 적게 들지만 노출된 솔기들을 깔끔하게 마감해야 하기 때문에 공정이 간단하진 않다.

다트(dart): 옷의 형태를 잡아 주고 편안하게 입을 수 있도록 천에 주름을 넣는 재봉 방식을 말한다. 남성복보다는 여성복에 더 광범위하게 활용된다.

핀스트라이프(pin stripe): 매우 가는 줄무늬가 평행하게
이어지는 패턴. 초크로 그은 듯 희미하게 이어지는 줄무늬인
초크스트라이프와 비슷하다.

웰트 심(welt seams): 안쪽으로 뉘어 놓은 시접 중 안쪽을 잘라 내고
겉에서 눌러 박는 기법을 말한다.

플랫 프런트(flat front): 바지 앞면이 주름 없이 매끄럽게 펴진 것.
한두 개의 주름이 잡힌 것은 플리츠 프런트라 부른다.

풀 라이즈(full rise): 허리선이 통상적인 것보다 높게 올려진 바지를
말한다.

아메리칸 포켓(american pocket): 바지 바깥쪽에서 허리까지 약
30도 정도 기울어져 있는 주머니를 말한다. 클래식 포켓이라고도
한다.

커프스(cuffs): 소맷부리, 바지의 접단을 통칭하는 용어다.

펠트 심

5이년대 후반 스타일.
다트 없음. 플랩포켓.
아이비 스타일

드레시한 조끼.
작은 플랩 포켓.

플랫 프런트 플라이즈

회색 핀스트라이프
플란넬 스리피스

8 1/2인치 밑단

풀컷.
스트레이트 핏.

1 3/4인치
커프스

엄청 부드러운 칼라

긴팔과
반팔

짧은
기장과
너넉한
핏

호박색
또는 녹색

좋아!

니트 폴로셔츠

시어서커
스포츠 코트
구할수 있다면
정장 한벌로 입고 싶어

사실 유니클로에서
멋진 반팔 니트 폴로를
찾았어. 이번 시즌
신상품이야

빈티지.
바라건대
브룩스 브라더스.
6이년대 /구이년대 색
세개의 패치 위드
플랩포켓. 웰트 심 등등.

시어서커(seersucker): 페르시아어로 우유와 설탕을 의미하는 시로샤카(shir-o-shakar)에서 시작되었다. 우유처럼 부드럽고 설탕처럼 오돌토돌한 질감 때문에 붙여진 이름이다. 이후에 주름을 뜻하는 시루샤카(shirushakar)로 변형되었고, 인도에서 시어사카(shirsaker)라고 불리다가 영국으로 넘어가며 시어서커가 되었다. 실의 장력이 다른 두 원사를 가공해 만들어 원단에 올록볼록한 요철이 나타난다.

스포츠 코트(sports coat): 바지와 매치하지 않고 단독으로 입을 수 있도록 디자인된 남성용 캐주얼 재킷이다. 스타일, 소재, 색상, 패턴이 일반 정장보다 다양해 코듀로이, 스웨이드, 데님, 가죽, 트위드 등을 광범위하게 사용한다.

색(sack): 보통 허벅지 위쪽까지 내려오는 헐렁한 재킷을 말한다. 색 코트, 색 재킷이라고 부른다.

MORNING CINEMA CLUB

셰틀랜드(shetland): 영국 셰틀랜드 군도를 원산지로 하여 생산되는 양털 혹은 그 양털로 짠 옷감을 말한다. 코트나 오드 재킷, 스웨터 등에 주로 사용된다.

트위드(tweed): 순모로 된 스코틀랜드산 천을 말한다. 잉글랜드와 스코틀랜드 사이를 흐르는 트위드강 근처에서 제작하기 시작해 이 같은 이름이 붙었다. 평직, 능직 혹은 삼능직으로 짠다. 표면은 매끄럽지 않으나 매우 부드럽다. 대개 두 가지 색으로 염직하며 코트, 재킷, 스포츠웨어 등 여러 용도로 사용된다.

SPRING TRANSITION

프레스코(fresco): 열대 양모를 구멍이 많게 짜 가볍게 만든 원단이다. 공기 순환이 잘되기 때문에 덥고 습한 기후에 적합하다. 프레스코라는 단어는 '신선한'이라는 뜻을 지닌 이탈리아어 'fresco'에서 파생된 것이다.

마드라스(madras): (현재는 첸나이라고 불리는) 인도 마드라스 지방에서 만든 원단을 사용하여 만든 셔츠를 가리킨다. 가로줄과 세로줄이 직교하기 때문에 체크무늬로 보이기도 하지만 일반적인 체크와 달리 크기가 불규칙하고, 밝고 화려한 색감을 특징으로 한다. 영국을 거쳐 미국에 전해진 마드라스는 한때 부유층의 상징으로 받아들여지기도 했고, 이후엔 아이비리그 스타일의 프레피룩을 대표하는 무늬가 되었다.

맥(mac): 매킨토시라고도 불린다. 방수가 되는 레인코트를 가리킨다. 방수 소재를 발명한 스코틀랜드의 화학자 찰스 매킨토시의 이름에서 유래한 것이다.

색 정장(sack suit): 헐렁한 재킷 스타일의 정장을 가리킨다. 1840년대 프랑스에서 만들어진 사크 코트(sacque coat)가 영국으로 건너가 이렇게 이름 붙여졌다.

파나마모자(panama): 에콰도르가 원산지인 모자로, 오리지널 파나마모자는 토킬라라는 식물의 어린잎 섬유를 소재로 하여 손으로 짜서 만든다. 파나마 항구로부터 여러 나라로 많이 수출된 데서 이 이름이 유래했다. 현재는 화학섬유, 볏짚, 종이 노끈 등 여러 재료로 만들어진다. 가볍고 통풍이 좋아 여름용 모자로 분류된다.

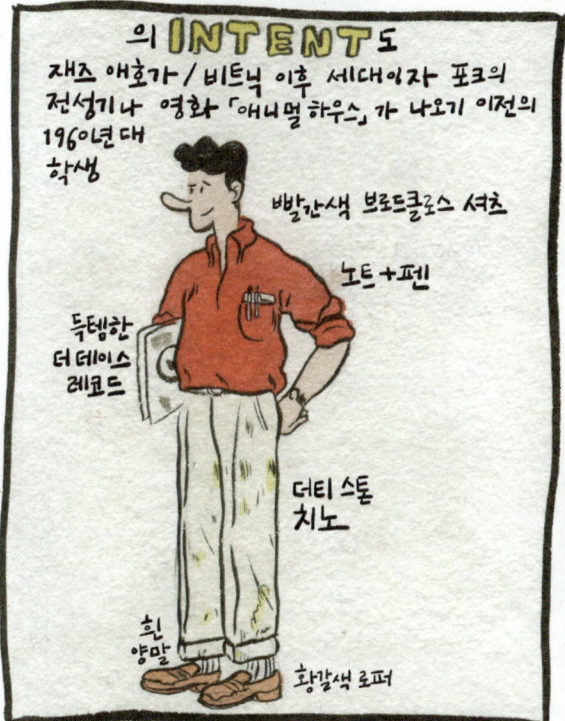

치노 팬츠(chinos, chino pants): '치노'라고도 한다. 가벼운 면 소재의 능직 원단으로 만든 바지다. 19세기 인도에 주둔하던 영국 군인들이 현지 기후에 맞게 유니폼을 개조하면서 시작되었다. 당시 중국 노동자들의 가벼운 바지에서 영감을 얻었기 때문에 '치노'라는 이름이 붙었다.

네이비 블레이저(navy blazer): 1800년대 초 영국 해군의 진한 파란색 더블브레스트 재킷에서 유래한 캐주얼 정장 재킷이다. 치노, 데님, 코듀로이 등 다양한 바지와 잘 어울린다.

포켓 스퀘어(square, pocket square): 신사복 가슴 주머니를 장식하는 사각형의 천으로 포켓치프의 별칭.

브로드클로스(broadcloth): 탄탄하고 부드러운 광택을 특징으로 한 평직 코튼 천을 가리킨다. 흔히 셔츠감으로 쓰인다. 포플린이라고도 한다.

PROSPECTING

최근에 시어서커 재킷을 찾고있어*

명목상으로는 고양이 사료를 사러 가는 중

*'필요한 옷 말고 내가 원하는 옷' 참고.

시어서커 자체를 정말 싫어하던 것을 생각하면 참 이상한 일이야

BAR

미국인이 아닌 나는 항상 사회적 부담이 너무 크다고 느꼈는데

잠깐, 내가 뭐하고 있었더라

이걸 '스쿠너'라고 하는 모양이다

전형적인 '남부신사'처럼 보이는 것만큼은 피하고 싶었지

길 건너편에 있는 빈티지숍을 가야겠어.

스쿠너(Schooner): 음료를 담는 유리잔의 일종이다. 나라마다 약간씩 다른 의미를 지니는데, 미국에서는 줄기가 짧고 둥근 모양을 한 잔을 가리키는 용어로 사용된다. 대략 530~950밀리리터 정도 용량의 맥주를 낼 때 사용한다.

하지만 그게 여전히 마음 한구석에서
나를 부르고 있어

지난주에 내가 제일 좋아하는 빈티지숍
스텔라 댈러스에 갔는데, 글쎄 완벽하게
아름다운 시어서커 재킷이 있지 뭐야

내 친구 크리스와 나는 둘다 그 재킷을
갖고 싶었는데, 둘다 돈이 없었어.

아직 여기 있으면 좋겠는데

HARD PRESSED

31

플래드(plaid): 체크와 마찬가지로 반복되는 패턴을 지닌 직조 천을
말한다. 통상적으로 두 가지 색을 사용해 대칭적 형태를 만드는
체크에 비해 플래드는 그보다 많은 색이 사용되며 비대칭적인
경우도 많다.

리브드 베이스(ribbed base): 리브드는 골이 지게 짠 원단으로,
리브드 베이스는 골지로 아랫단을 마무리하는 방식을 말한다.

오닝 스트라이프(awning stripe): 일반적으로 흰색 또는 밝은 색상에 대비되는 어두운 색상의 단색 줄무늬를 말한다. 줄의 너비가 같고 넓은 폭이 특징이다.

가마쿠라(Kamakura): 1960년대 미국 아이비리그에서 영감을 받아 1993년에 가마쿠라에서 설립된 일본의 패션 브랜드다.

로커 루프(locker loop): 셔츠 뒷면에 달린 천 고리로 옷장의 고리에 셔츠를 걸기 위한 부속이다. 좁은 옷장을 사용해야 해서 옷걸이를 쓸 수 없었던 선원들을 위해 만들어졌으며 이후 아이비 스타일의 한 요소가 되었다.

캠프 칼라(camp collar): 몸에 평평하게 밀착되는 편안하고 넓은 칼라로, 셔츠의 몸판에 직접 부착된다. 쿠바식 칼라라고도 부른다.

거싯(gusset): 폭을 늘리거나 핏을 개선하기 위해 솔기에 꿰매는 삼각형 또는 마름모꼴의 천 조각을 말한다.

파라마타 일스(Paramatta Eels): 시드니 교외 파라마타를 연고로 하는 오스트레일리아 프로 럭비 리그 클럽이다. 1947년에 창단되었다.

배기스(baggies): 1982년 파타고니아에서 출시한 아웃도어용 반바지. 통기성이 좋고 빨리 건조되기 때문에 여행이나 스포츠 활동에 이상적이다. 낡은 어망을 재활용하여 만든 넷플러스라는 소재로 만들어진다.

인심(inseam): 의류 안쪽의 솔기 혹은 그 솔기의 길이를 말한다.

드릴(drill): 비스듬한 결을 가진 튼튼하고 내구성이 좋은 면직물이다. 특히 카키색의 드릴은 군복에 주로 사용된다.

SMALL WATCHES

SUMMER STYLE

포플린 정장(poplin suit): 부드럽고 구김이 없는 평직 면인 포플린 재질로 만든 정장을 말한다. 통기성이 좋고 골이 있는 질감이 특징이다.

서큘러 뱀프 옥스퍼드(circular vamp oxford, CVO): 속건성 캔버스 갑피와 홈이 파인 고무 밑창을 특징으로 하는 운동화의 한 종류다. 클래식 옥스퍼드 슈즈를 모티브로 디자인되었으며 한국에서는 캔버스화라고 부르기도 한다.

슬랙스(slacks): 느슨하다는 뜻의 고대 색슨족 단어에서 유래한 용어로, 드레스 팬츠를 가리키는 다른 말로 사용된다. 어원처럼 다소 느슨한 핏을 특징으로 한다.

옥스퍼드 클로스 버튼다운(oxford cloth button-down, OCBD): 말 그대로 옥스퍼드 원단으로 만든 버튼다운 셔츠를 가리킨다.

 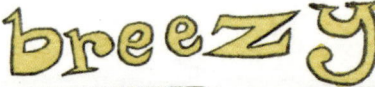

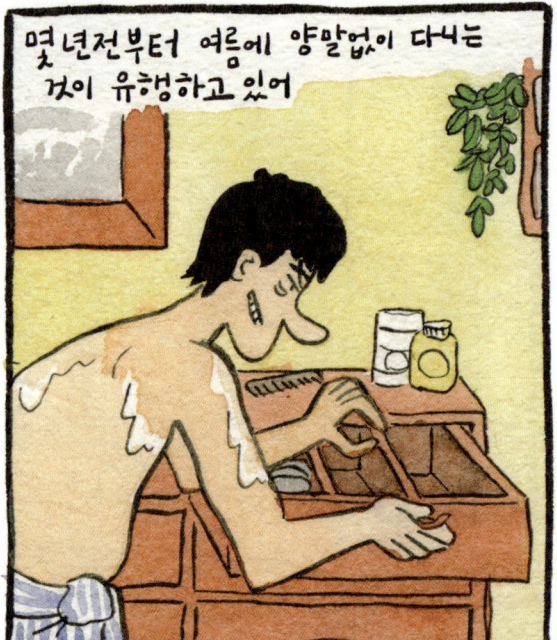

수제 레저용 신발(leisure handsewn, LHS): 형식적으로 로퍼와
거의 동일하다.

DICKS GUIDE TO WEDDING DRESS CODES

-브루클린 포멀-
BROOKLYN FORMAL

브루클린의 나이 들어가는 힙스터들이 마침내 사회의 나머지와 합류하기 시작하면서, 시대에 뒤떨어진 그들의 2010년대 패션감각은 여전히 강력하게 '주류에서 벗어난' 상태로 남아 있어

높게 묶은 머리

특권의식

로컬 크래프트 IPA

아이러니한 액세서리

양말 없음

말아올린 바지 밑단

ISLAND CHIC -아일랜드 시크-

카리브해에서 불편하고 비싼 결혼식을 치르는 것이 '정말 멋진 남자'라고 생각 하는 친구가 누구에게나 꼭 한명씩은 있지.

오래된 모자

새로 생긴 햇볕에 탄 자국

리넨 턱시도

땀 얼룩

샌들

캐나디안 턱시도(Canadian tuxedo): 청바지와 데님 재킷 또는 셔츠를 함께 입는 데님 온 데님 스타일을 유머러스하게 부르는 표현이다. 1950년대 빙 크로즈비가 캐나다의 한 호텔에 청바지를 입고 갔다가 입장을 거부당한 사건에서 유래되었다. 리바이스의 팬이었던 빙은 그날도 리바이스 청바지를 입고 있었는데, 이 사건을 들은 리바이스는 그를 위해 데님으로 턱시도 재킷을 만들어 선물했다. 이후 데님을 한 벌로 입는 스타일을 캐나디안 턱시도라고 부르게 되었다.

스텔스 웰스(stealth wealth): 자신의 부를 과시하지 않는 태도를 말한다. 사치스러운 생활을 할 수 있는 재정적 여유가 있지만 평범한 집에 살고 평범한 차를 운전하는 등 주변과 조화롭게 사는 것을 지향한다.

SHORT BUT NOT TOO SHORT

야구모자는 클래식한 미국패션의 가장 대표적인 아이콘중 하나지

볼캡을 쓰는 것에는 특별한 의미가 없어. 야구에 대한 팬심을 의미하는 것도 아니니까

유행의 역할과 실용성을 모두 충족하는 이 모자는 지난 20세기에 여러 사회적 부담에서 살아남은 유일한 모자야.*

* 비니도 포함되는 것 같네.

THE GREAT AMERICAN

BASEBALL CAP

나는 거의 낡아서 챙이 망가지고 색이 바랜 내 모자를 좋아해. 그래서 같은 모자를 몇번이고 반복해서 쓰는 편이야

딸꾹

모자를 안쓴지 오래 되었다면 한번 시도해봐!

내 사우스 시드니 래비토스 모자

사우스가 2014년 프리미어십에서 우승하기 직전에 이 모자를 샀어. 크기 조절이 안되고 내 머리에 비해 약간 작아. 하지만 이런 것들은 원래 완벽할수가 없으니까 스트레스 받지 않으려고.

뉴에라 '플렉시핏'

뒤쪽에 자수로 새겨진 내셔널 럭비 리그 로고

NRL

플렉시 핏(Flexi Fit): 원래 플렉시 핏이란 착용하는 사람의 머리에 완벽하게 맞는 모자를 뜻한다. 여기서는 뉴에라 브랜드의 모자 이름을 가리킨다.

몰스킨(moleskin): 촘촘하고 두툼하게 직조된 면 소재 원단의 한 종류. 한쪽을 브러시 처리해 보푸라기 같은 질감이 남아 있는데 이것이 마치 두더지(mole) 가죽같이 느껴진다고 해서 이 같은 이름이 붙었다.

럭비 셔츠(rugby shirt): 프레피룩의 대표 아이템으로 잘 알려진 럭비 셔츠는 폴로셔츠와 마찬가지로 운동경기용으로 만들어진 옷이다. 언뜻 폴로셔츠와 럭비 셔츠는 꽤 비슷하게 생겼지만 원단과 무게, 그리고 무늬에서 큰 차이를 보인다. 폴로셔츠는 보통 폴리에스테르와 면 혼방(65퍼센트 이상)이거나 면 100퍼센트로 만드는 반면, 럭비 셔츠는 폴리 코튼과 저지, 코마 면으로 만들어진다. 폴로셔츠의 원단 무게가 1제곱미터당 170-180그램 정도인 데 비해 럭비 셔츠는 240-290그램 정도로 더 두껍고 무겁다.

슬로피조(sloppy joe): 다진 쇠고기, 양파, 토마토소스, 우스터소스 그리고 기타 양념을 볶아 빵 위에 얹어 먹는 샌드위치로, 먹을 때 소스가 흘러내려 지저분해지는 형태 때문에 이런 이름이 붙었다.

러비 셔츠는 따뜻하지만
답답하지 않아서
접쳐입기 좋아

단벌로도 입을수 있는 긴팔옷만
가져가는
편이야

래비토스
저지

[스웨터]
JUMPERS

날씨에 따라 다르겠지만
나는 면이 좋아.
너무 따뜻하지도
않고 접쳐 입기
쉬워.

빨간색
실꼬리조

내가
좋아하는 모자

빈티지 위준

격식있음

캠프 모카신

[신발]
SHOES

살짝 격식있음

세컬레만 챙겼어. 격식 있는 것과
캐주얼한 것, 그리고
살짝 격식있는
것.

아나도미카 와란와
CVO

캐주얼함

벨트하나랑 그리고

언더셔츠 위에
OCBD 중
하나를 입었어

[정장]
SUIT

두꺼운 면

비행기
내부가 추울수
있으니 러비셔츠를
허리에
둘렀어

면 정장!
항상 주름져 있기 때문에
여행 갈 때 입기 좋아.

매고 싶을 경우를 위해
넥타이도 하나 챙겼어

쉽게 벗을수
있는 캠프 모카신

비행기 탈때

다음시간에는,
짐싸기 팁 +
비법

여기에서는 넉넉한 핏의 스웨트셔츠가 오래되어 낡고 늘어나
흘러내리는 듯한 느낌을 주기 때문에 슬로피조라고 부른다.

위준(Weejuns): 미국의 신발 브랜드 G.H. 바스에서 생산하는
로퍼의 일종으로, 노르웨이의 농장 신발에서 영감을 받았다고 하여
'위준'이라고 불리게 되었다. 페니 로퍼의 발등에 있는 것과 같은
다이아몬드 컷아웃이 있고, 그 양옆으로 두꺼운 스티치 장식이
있다. 이 장식은 고깃덩어리를 묶은 형태와 비슷해서 '비프롤'이라고
불린다. 1950, 1960년대 아이비 스타일의 필수품이기도 했다.

캠프 모카신(camp mocs): 20세기 중반에 유행했던 뉴잉글랜드
모카신을 캐주얼하게 개량한 버전이다. 모카신이란 아메리칸
인디언들의 전통 신발 형태로 두 개의 천 조각을 토 박스 주위로
함께 꿰매는 구조가 특징이다.

Dicks Packing List Part 2

지난주에는 무엇을 챙겨야 하는지 살펴봤어. 이번주에는 이 모든 것을 기내 휴대용 가방에 어떻게 넣을지 알아볼게.

① 티셔츠를 삼등분 해서 접어 ② 이렇게 ③ 그리고 이렇게

④ 돌돌 말아 ⑤ 공간을 아낄 수 있어!

바지는 삼등분 해서 접어. 돌돌 말 필요는 없어.

드레스 셔츠도 티셔츠와 같은 방식으로 접어

방해가 되지 않도록 팔만 잘 접도록 해

양말과 속옷은 원하는 방식 대로 접고

신발에 집어 넣어

충전기

범용 어댑터

선글라스

잉크

미국식 멀티탭

펜 + 연필

수채화 도구

스케치북

천식용 흡입기

(읽기 위한) 책

그 밖의 물건은 브루클린의 바워리 블루에서 산 토트백에 넣는다

나머지 물건들은 가방 상단의 작은 공간에 끼워 넣어

바지는 셔츠위에 넣고 그 위에 세면도구를 넣으면 돼

It All

HOW

신발을 측면에 넣으면 공간을 절약하고 가방의 모양을 잡을 수 있어

말아 접은 셔츠는 바닥에 넣어

TO Fit

통관이 용이하도록 투명봉투에 세면도구를 담아

IN

집에서 챙긴 것보다 짐이 더 늘어날 수 있어. 나는 그럴 때 보통 저렴한 가방을 사거나 빌리곤 해

내 친구 오웬이 살보스에서 오래된 킹지 반바지를 가져다 줘서 반바지는 따로 챙기지 않았어.

널 위해 두벌 가져왔어!

가능한 의상조합
POSSIBLE OUTFIT COMBINATIONS

OCBD +럭비셔츠
정장 재킷
청바지
CVO

모자
OCBD위에 겹친 몰스킨 셔츠
정장바지
캠프 모카신

모자
슬로피 조
폴로셔츠
청바지
페니로퍼

모자
OCBD +타이
정장 재킷
치노
페니 로퍼

모자
OCBD +럭비셔츠
치노
CVO

살보스(Salvos): 오스트레일리아에서 활동하는 자선 기부 매장으로, 구세군의 일부다. 주로 중고 의류, 가구, 책, 장난감, 기타 생활용품 등을 판매하며, 그 수익금은 구세군의 사회복지 활동에 사용된다.

Ben TWO WAYS

요즘 나는 스타일상 일관성을 추구하는 편인데, 내 친구 벤은 일과 놀이의 구분이 있지만 조화를 잃지 않는 일종의 멋진 이중적 스타일을 개발하기 시작했더라고.

nouveau prep

또는 "일" 스타일

너무 매끄럽지 않은 견고한 스포츠 코트

기본적으로 아이비/모드/프레피에 관한 내 나름대로의 해석을 벤의 버전으로 만든 거야.

그렇기 때문에 당연히 내가 좋아하는 스타일인 거지!

두툼한 드레스 벨트

이 룩에서는 브랜드가 크게 중요하지 않지만 핏이 너무 다듬어지거나 맞춰져 있으면 안돼. 불완전해야 오히려 완벽해 보이지.

밑창에는 거의 항상 구멍이 있지

이런

하루종일 흰 양말

페니 로퍼

JAM BAND　SCUM PREP

30~40년 전에 입었다면 실용적이었을 아이템이 특징이야

웨빙 벨트

영화 「인히어런트 바이스」의 호아킨 피닉스 같은 느낌이야

또는 "노이" 스타일

배지는 아이러니하거나 진지한 느낌 모두 가능해

후디 위에 조끼

칼하트와 파타고니아, 테바, 버켄스탁, 시에라 디자인, L.L.빈 같은 브랜드를 생각해봐.

나 역시 이런 요소를 "80년대 캠퍼스룩에 관한 일본식 해석"에 가깝게 적용해 보고 있어. 자유롭고 쉬운 '러그드 아이비' 라고 할수 있지.

테바 샌들과 홀치기 염색한 양말

웨빙 벨트(webbing belt): 웨빙 소재로 만든 벨트로 버클을 이용해 길이를 조절하고 고정하는 방식이다. 소재가 저렴하고 제작 방식이 단순해 군복용으로 주로 사용되었으나 1960년대 이후로는 패션 아이템으로 발전했다.

홀치기염색(tie-dye): 천을 염색 물감에 담그기 전에 특정 부분을 홀치거나 묶어 그 부분은 물감이 배어들지 못하게 하여 물들이는 방법.

러그드 아이비(rugged ivy): 아이비 스타일과 헤비듀티 스타일을 결합해 일본에서 만들어진 패션 스타일. L.L.빈의 덕 부츠나 럭비 셔츠 등이 러그드 아이비의 전형적 아이템이다.

THE FACES OF FALL

UNDER NOT OVER

쌀쌀한 북풍이 본격적으로 불기 시작하면서 안에 언더셔츠를 받쳐 입는 것은 필수가 되었어

흐아

지난 몇 차례의 겨울 동안 내가 가장 좋아하는 언더셔츠는 터틀넥이었어

스메들리의 메리노와 두꺼운 빈티지 니트를 갖고 있고, 면 소장품들도 점점 많아지고 있어

그 옷들을 옥스퍼드 셔츠, 크루넥 셰틀랜드 셔츠, 메리노 브이넥 안에 입는 것을 좋아해

메리노(merino): 매우 부드러운 털을 지닌 양의 한 품종이다. 중세 말기부터 오랫동안 스페인의 독점 품종이었으나 18세기 이후 프랑스, 헝가리를 비롯한 유럽으로 퍼져 나갔으며 이후 세계 전역으로 전파되었다. 스웨터, 양말, 셔츠, 후디, 속옷 등 거의 모든 종류의 의복에 광범위하게 사용된다.

해리스 트위드(Harris Tweed): 스코틀랜드 외곽 헤브리디스 지역에서 양모를 염색하고 방직해 만든 모직 원단이다. 100퍼센트 수작업으로 만들어지며 미터별로 인증 절차를 거쳐 출시된다. 내구성이 뛰어나며 촘촘한 질감 덕분에 가을과 겨울 의류에 적합하다.

트릴비(trilby): 챙이 좁고 정수리 부분이 움푹 들어간 부드러운 펠트 모자다. 앞쪽은 아래로, 뒤쪽은 위로 올라가는 짧은 챙이 특징이다. 1894년 조지 듀 모리에의 동명 소설에서 이름이 유래했다. 한때는

부의 상징으로, 다른 한편으로는 예술가와 보헤미안의 상징으로 받아들여졌다.

펠트 아쿠브라(felt Akubra): 오스트레일리아 브랜드 아쿠브라에서 만든 수제 토끼 털 펠트 모자. 방수 기능이 있어 오랫동안 모양을 유지할 수 있으며 자외선 차단 기능도 뛰어나다고 알려져 있다. 아쿠브라라는 브랜드명은 오스트레일리아 원주민들이 머리에 덮는 물건의 이름에서 따온 것이다.

토이스 매코이
모헤어 카디건

커트 코베인 모델. 까슬까슬
하고 포근함. 친구한테 물려받았어.

폴로
플란넬
면 파자마
바지

(누가 봐도 파자마) 잠옷으로 입지만 밖에 입고 나가기도 잘 안 해.

오래된 티셔츠

MAMBO

보통 얼룩덜룩하고
오스트레일리아 것이지

우든
슬리퍼스에서
산 후디

WOODEN
SLEEPERS

밖에서 자주 입지는 않지만
정말 좋아하는 옷이야

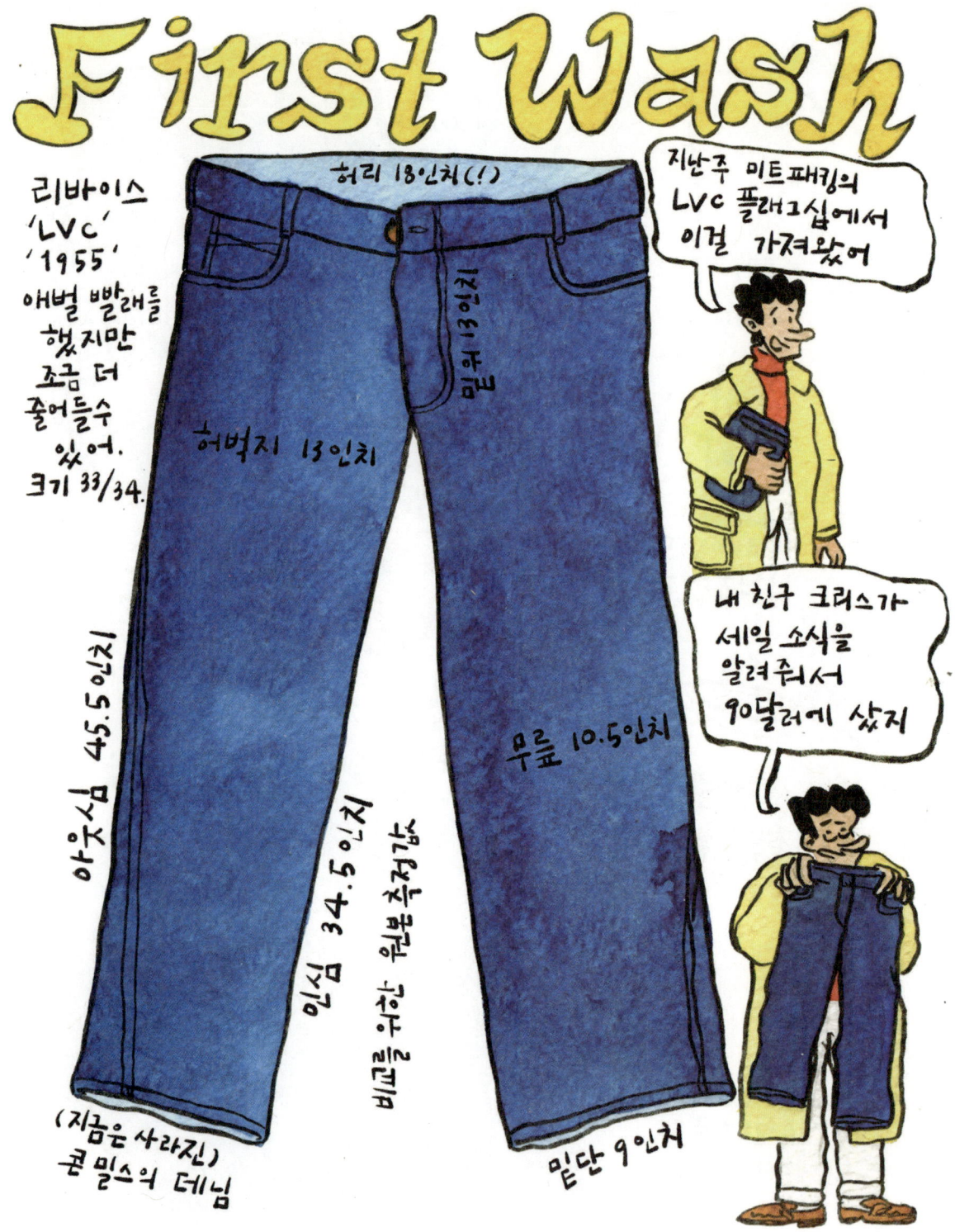

콘 밀스의 데님

리바이스 LVC 1955(Levi's Vintage Clothing): 리바이스에서 그동안 제작했던 의류의 핏, 원단 등을 재현해 복각한 컬렉션이다. 1880년대부터 1980년대 중반까지 제작된 약 2만여 벌의 아카이브를 모태로 한다. 그중 1955년 501 청바지는 가장 중요한 제품 중 하나로 손꼽힌다.

콘 밀스(Cone Mills): 1891년 이민자 형제인 모지스와 시저 콘이 설립한 섬유 제조 회사의 이름. 뛰어난 품질과 워싱 기법으로 유명한 데님 원단을 제조했다.

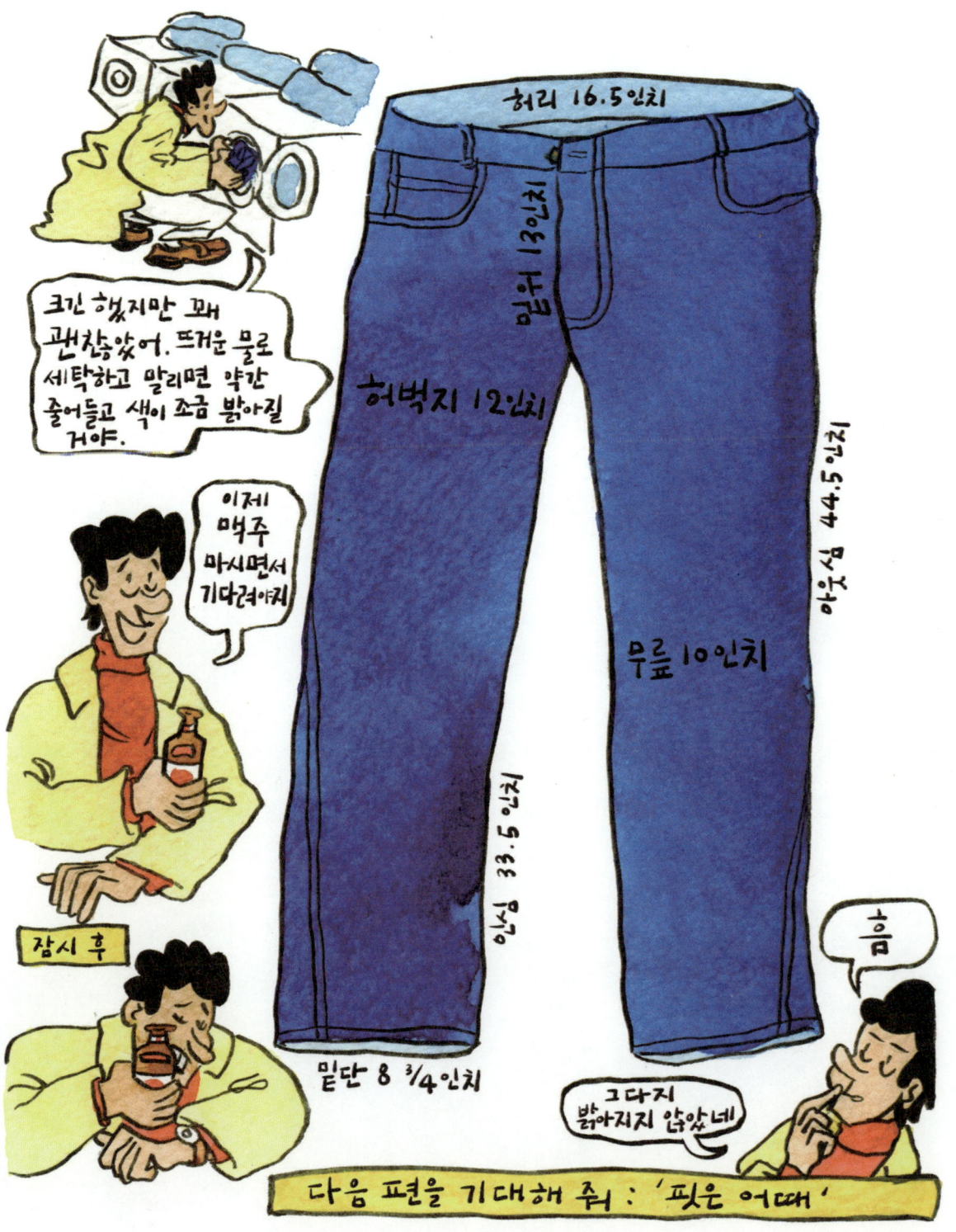

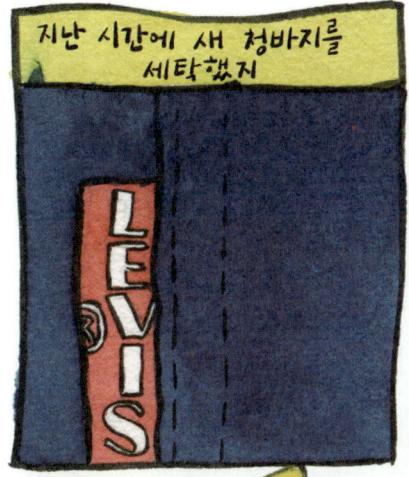

지난 시간에 새 청바지를 세탁했지

그리고 결과를 확인했어

이번에는 아무도 묻지 않은 질문에 답하려고 해

BUT HOW IS THE FIT

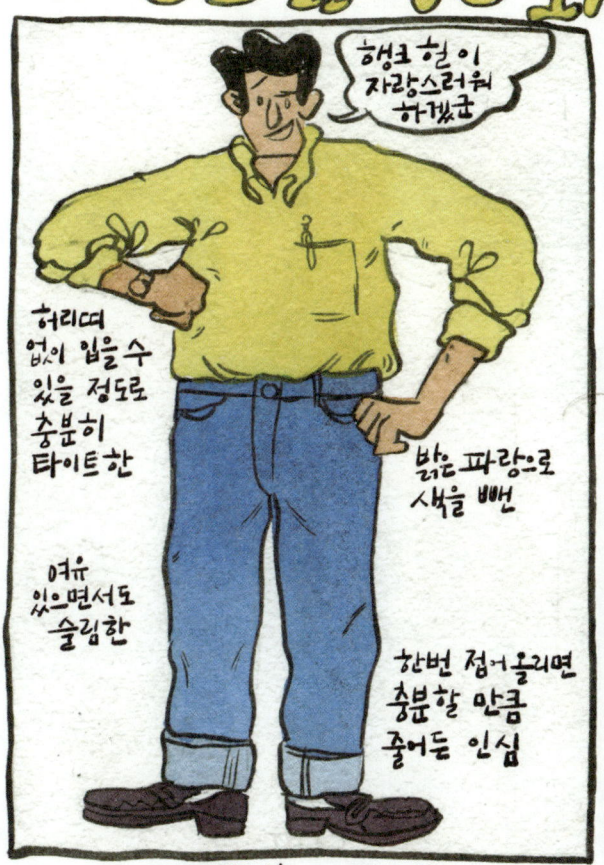

형크형이 자랑스러워 하겠군

허리띠 없이 입을 수 있을 정도로 충분히 타이트한

밝은 파랑으로 색을 뺀

여유 있으면서도 슬림한

한번 접어올리면 충분할 만큼 줄어든 인심

예상

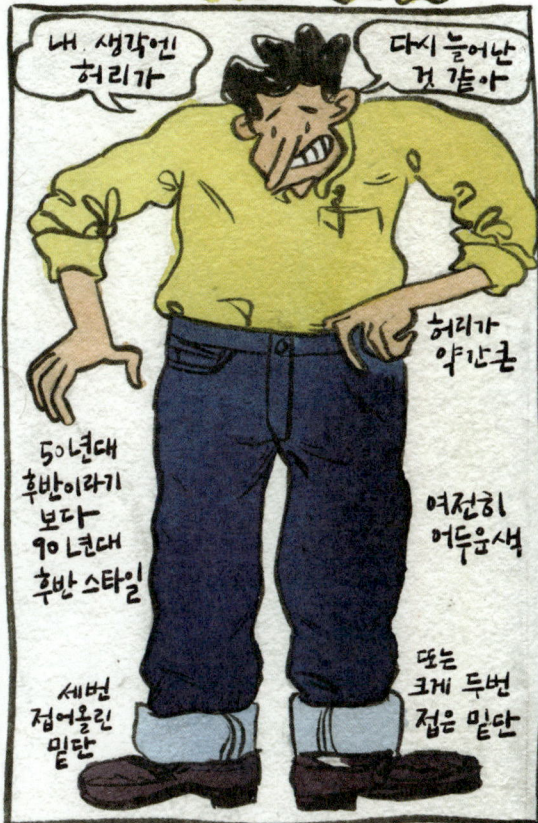

내 생각엔 허리가

다시 늘어난 것 같아

허리가 약간큼

50년대 후반이라기 보다 90년대 후반 스타일

여전히 어두운색

세번 접어올린 밑단

또는 크게 두번 접은 밑단

현실

베이사이드(Bayside): 미국의 의류 및 액세서리 브랜드. 1994년 재봉틀 몇 대로 시작해 자동 재단기 및 포켓 재봉기까지 생산을 확장하고 이후 티셔츠, 후디, 비니, 모자 등을 직접 직조하고 염색, 마감까지 해서 판매하고 있다.

UNDER SHIRTS PART 2

Dick's Spring Fits

사실상 봄이 찾아왔어

이 말은 아침은 선선하고, 오후는 따뜻하고, 비가 언제 올지 모른다는 것을 뜻하지

뉴욕은 아직 꽤 쌀쌀하지만, 내가 입고 싶은 건 바로 이런거야.

오리는 수건진 모자

슬리피조 안에 OCBD를 입고 그안에 컬러풀한 티셔츠를 입지

비를 대비하기 위한 60/40 재킷

파타고니아 배기스

주머니에 넣은 봄 액세서리

내셔널 럭비 리그가 돌아왔기 때문에 럭비 셔츠를 꺼내 입을 때야

SMITHS CRISPS

줄무늬가 있는 스포츠 양말과 CVO

척 테일러도 좋아

THE STANDARD WORLD CLASS

60/40 재킷(60/40 jacket): 면 60퍼센트, 폴리에스테르 40퍼센트를 혼방한 원단으로 CP(cotton/polyester)라고도 부른다. 빠르게 건조되는 특징 때문에 방수 기능이 중요한 옷에 많이 사용된다.

척 테일러(Chuck Taylor, Chucks): 미국의 패션 브랜드 컨버스에서 제조하는 운동화다. 스티치 처리된 갑피와 고무로 만들어진 토캡, 아웃솔로 구성되어 있다. 가죽이나 스웨이드로도 만들지만 보통은 면 캔버스가 사용된다. 1917년 농구화로 만들어지기 시작했으며 1922년 척 테일러의 요청에 따라 다시 디자인되었다. 컨버스는 제품을 완성한 후 발목 패치에 척 테일러의 서명을 추가했고 이후 척 테일러라는 별칭으로 불리기 시작했다.

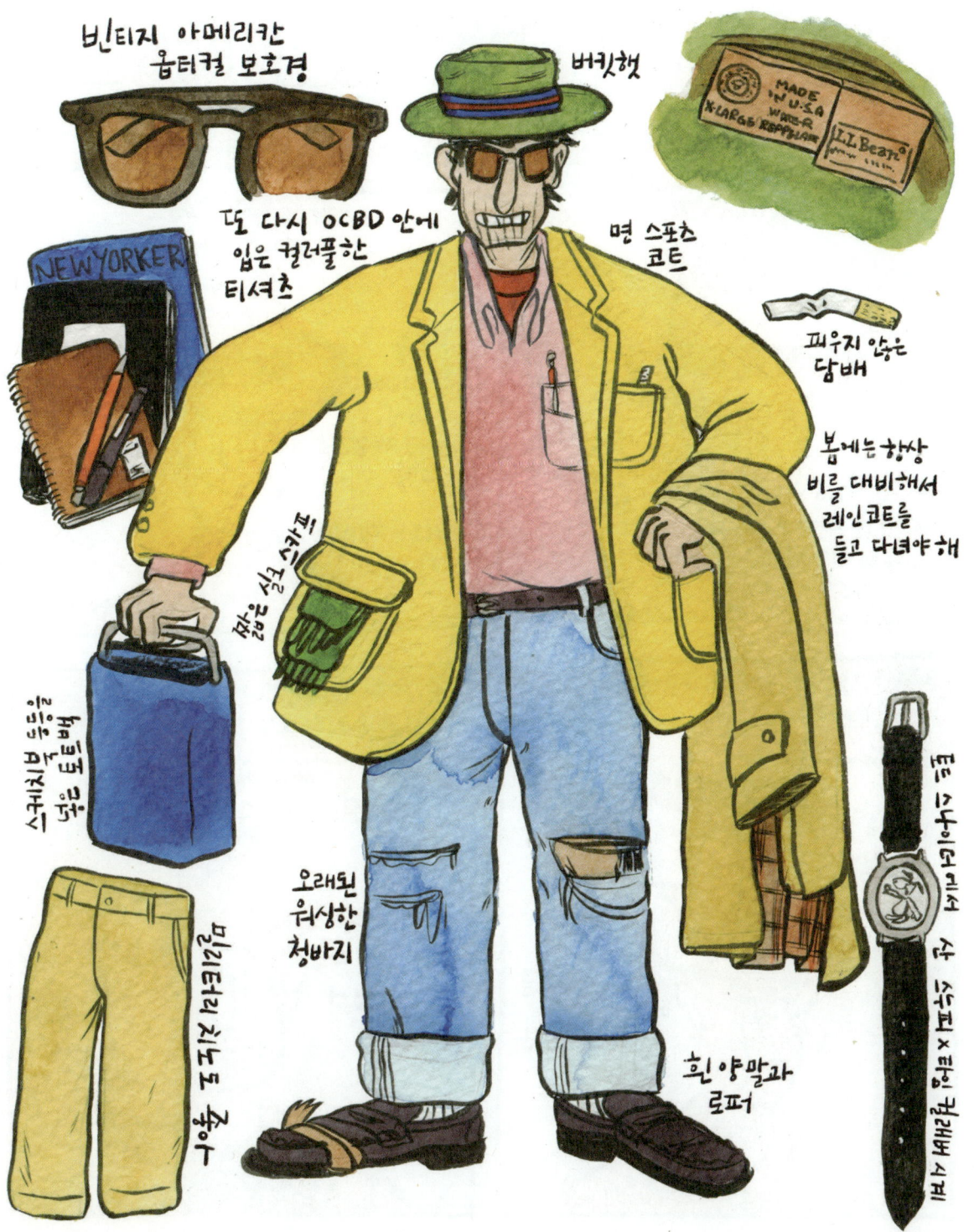

빈티지 아메리칸
옵티컬 보호경

버킷햇

MADE IN U.S.A WHT-R X-LARGE KEPPSIAM L.L.Bean®

또 다시 OCBD 안에
입은 컬러풀한
티셔츠

면 스포츠
코트

NEWYORKER

피우지 않은
담배

봄에는 항상
비를 대비해서
레인코트를
들고 다녀야 해

짜놓은 실크 스카프

미리터리 치노도 좋아

스케쳐스 박물관 어쩌구

오래된
위상한
청바지

흰 양말과
로퍼

트루 나이더메서 산 슈퍼X타일 카레버 시피

HUNTING IS NOT A SPORT

한동안 빈티지 가게에 가지 않아서
좀이 쑤시네

나에게 빈티지 쇼핑은 특정한 것을
찾는 거라기보다는 그저 구경하는 것에
가까워.

이 행위는 그 자체로 만족스러워

집에 빈손으로 돌아가도 시간 낭비로
느껴지지 않아

LOOSE ENDS

「어벤져스: 엔드게임」을 보러 가던 길에 뒤에서 작은 물건이 바닥에 떨어지는 소리가 들렸어

내 트렌치 코트의 단추였는데 정확히 어디서 떨어진 것인지 찾을 수가 없었어

흠

어디서 떨어진 거니?

별 것 아니라고 생각하면서 잠시 잊고 극장에 들어갔어

홀짝

꿀꺽

영화를 다 보고 나서 견장 단추를 잃어 버린 걸 깨달았지. 아마 에스컬레이터가 먹어 버린 것 같아.

이런

밴론(Ban-Lon): 허리와 소매에 신축성 있는 밴드가 붙은 폴로 셔츠를 가리킨다. 밴론 폴로라 부르기도 한다. 밴론은 1954년 조셉 밴크로프트 앤드 선스가 제조한 합성 원사 및 직물 브랜드의 이름이자 그들이 제조한 기능성 원단의 명칭이기도 했다. 주름이 잘 생기지 않는 것이 특징이며 1950~1960년대에 아우터, 스웨터, 수영복 등에 널리 사용되었다.

엄청난 디테일이 있는 '애로' 마드라스 셔츠

가슴에 달린 제티드 포켓

프렌치 프런트

둥글게 처리된 밑단

프랑스에서 제작된 라코스테 폴로

50년대 후반 타탄 셔츠 ×2

앞면 단추 6개, 사각으로 처리된 밑단

라코스테 골프 재킷

올리브 개버딘 정장

제티드 포켓(jetted pocket): 별도의 천을 덧붙여 재봉하지 않고 입구 부분을 잘라 내 안쪽으로 숨긴 주머니를 말한다. 입구의 얇은 트리밍 부분만 노출된 형식이며 턱시도, 디너 재킷, 양복 조끼 등 정장 차림에서 흔히 보인다.

프렌치 프런트(french front): 원단을 셔츠 안쪽으로 접어 넣어 재봉 마감 부위나 스티치가 숨겨진 형식을 말한다.

개버딘(gabardine): 트윌 직조 원단으로 워스테드, 면 또는 방적 레이온을 사용해 제작한다. 내구성과 통기성, 방수성이 뛰어나다. 버버리의 창립자인 토마스 버버리가 1879년 발명해 특허를 받은 원단이다.

이 악명높은 아이비 스타일의 필수품은 내가 정기적으로 신는 유일한 양말이 되었어

미국에서는 이해받지 못했지만, 국제적으로는 반문화의 상징으로 인정 받았어.

내가 어렸을때 흰 양말은 9시에서 5시까지 일하는 라이프스타일을 따르는 '그런 사람'이 아니라는 것을 보여 주기 위한 수단이었어

흰색 양말을 신어보고 그것이 어떤 것과도 어울리지 않아서 사실상 모든 것에 어울린다는 것을 일단 깨닫고 나면 다시는 그 이전으로 돌아갈 수 없을거야

White Socks Again!

양말과 반바지는 지난 20여년 동안 별로 인기가 없었어

발목을 덮는 양말은 하필 아빠, 할아버지, 육공 선생님이나 신는 것이기에 치명적인 실수처럼 느껴졌어

하지만 올해 윔블던을 보면서 반가운 부활을 발견했어

모두 이렇게 입으면 죽겠는걸

편하고 멋지거든

그리고 이제 우리 모두가 변화해야 할 때라고 생각해

흠...

수피마 면(Supima cotton): 미국의 캘리포니아, 애리조나, 텍사스, 뉴멕시코 지방에서 재배하는 고품질의 면사다. 수피마 면은 다른 품종보다 최대 45퍼센트 더 강하고 색상 유지력이 우수하며 무엇보다 보풀이 잘 생기지 않는 것으로 잘 알려져 있다.

라이크라(Lycra): 1958년 듀폰의 화학자 조지프 시버스가 발명한 합성섬유다. 본래 길이의 최대 다섯 배까지 늘어날 수 있는 신축성이 특징이다. 미국에서는 스판덱스로, 다른 지역에서는 엘라스테인으로 불린다.

IVY INVESTIGATION
"AUSSIE PREP"
PART 1

팝오버(pop-over): 윗부분에 네 개의 단추가 달린 셔츠다. 머리와 어깨 위로 잡아당겨야(pop over) 벗을 수 있기 때문에 이 같은 이름이 붙었다.

아쿠브라 스콰터(Akubra Squatter): 착용자의 취향에 따라 모양을 바꿀 수 있도록 윗부분이 뚫려 있는 모자. 오스트레일리아의 모자 제조 업체 아쿠브라에서 생산한다.

샴브레이(chambray): 1500년대 중반 프랑스의 샴브레이에서 만들기 시작한 면 재질의 직조 원단이다. 은은한 질감과 두 가지 색상의 무지 직조로 유명하다. 데님보다 부드럽고 더 얇기 때문에 여름 의류와 셔츠 원단, 퀼트 등에 활용된다.

렙 타이(repp tie): 1800년대 영국 옥스퍼드 대학 조정팀이 매기 시작한 넥타이의 형식이다. 교복에서 기원했기 때문에 대학 넥타이라고도 부른다. '렙'은 실크 원단을 반복적으로 짠 것을 뜻한다. 보통 두세 가지 색상으로 구성된다. 후에 1920년대 미국 남성복과 아이비 스타일의 중요한 요소로 받아들여졌다.

클럽 타이(club tie): 특정 단체의 회원들이 자신들의 정체성을 표시하기 위해 착용하는 넥타이다. 단체를 상징하는 색, 문장 등을 주요 구성요소로 사용한다.

드리자본(Drizabone): 1898년에 오스트레일리아에서 설립된 의류 브랜드로 주로 라이딩 코트, 재킷, 조끼 등 아웃도어 의류를 생산한다. 회사 이름은 '뼈처럼 건조하다'(dry as a bone)라는 문구에서 유래했다. 드리자본의 옷은 착용자를 비바람으로부터 보호할 수 있도록 방풍, 방수 기능에 초점이 맞춰져 있다.

백스터(Baxter): 1850년 오스트레일리아에서 설립된 부츠와 신발 생산 브랜드다. 편안하고 내구성이 좋은 것으로 유명하다. 웨스턴 부츠, 드레스 부츠, 하이킹 부츠 등과 함께 산업 용도의 부츠도 생산한다.

IVY INVESTIGATION
PART TWO — New York Trad

이번 주에는 내가 살고 있는 도시

그리고 가장 유서 깊은 두 동네 출신 사람들을 조사할거야.

깔끔하게 붙여 넘긴 머리

컷어웨이 칼라

'일라이스 마켓'에서 산 비싼 채소

프렌치 커프스

UPPER EAST SIDE
어퍼이스트 사이드

품종견

벨기에 로퍼

뉴욕 트래드: '뉴욕 트래디셔널'(New York Traditional)의 줄임말로 뉴욕 스타일의 전통적인 패션을 의미한다. 일반적으로는 아이비 리그 스타일이나 클래식한 아메리칸 캐주얼(일명 '아메카지')과 연결되지만, 뉴욕 특유의 세련되고 도시적인 감각이 가미된 것이 특징이다.

컷어웨이 칼라(cutaway collar): 셔츠 칼라가 아래쪽이 아닌 바깥쪽으로 기울어져 있는 넓은 형태의 칼라를 말한다. 20세기 초 영국에서 시작되었다.

프렌치 커프스(french cuffs): 일반 커프스보다 두 배 정도 긴 셔츠 커프스의 일종으로 커프스 단추를 뒤로 접어 고정하는 방식으로 입는다. 턱시도나 포멀한 정장과 잘 어울린다.

UPPER WEST SIDE
어퍼 웨스트 사이드

야구 모자
(실제로 응원하는 팀)

야간 형클어진 머리

P3 안경

항상 버튼다운 칼라

여전히 종이신문을 구입함

재킷과 바지를 맞춰 입지 않음

벨크로 커프가 달린 80년대 L.L.빈의 파카

머스터드 얼룩

파스트라미 샌드위치

더러운 「뉴요커」 토트백

뱅커백

주름없는 랄프 로렌 치노

알든 로퍼

뉴발란스 MX608

P3 안경(P3 glasses): 1930년대 미군이 고안한 고전적 스타일의 안경테다. P는 렌즈 각도를 뜻하는 'pantoscopic'의 첫 글자다. P3는 렌즈의 높이와 너비가 3밀리미터 차이 난다고 해서 이름 붙여졌으며 안경테 아랫부분이 눈을 향해 3도 기울어져 있는 것이 특징이다. 원래는 방독면 아래에 착용할 수 있도록 만들어진 형태지만 이후 제임스 딘, 그레이스 켈리 같은 유명인이 착용하면서 인기를 끌었다.

뱅커백(banker bag): 회사의 로고나 색상으로 맞춤 디자인된 더플백이나 토트백의 일종이다. 은행 업계에서 성과가 우수한 팀에게 이 가방을 선물로 주는 관습 때문에 뱅커백이라는 이름이 붙었다.

스타프레스트(Sta-prest): 리바이스에서 1964년 생산하기 시작한 주름 방지 바지 브랜드다. 화학 수지와 촉매제로 원단을 코팅하고 스팀 프레스로 주름을 만든 후 오븐에서 구워 내는 과정을 거쳐 만들어진다.

데저트 부츠(desert boots): 스웨이드와 크레이프 고무 밑창으로 만들어 뛰어난 접지력과 편안함을 제공하는 부츠의 한 종류다. 보통 발목 높이로 만들어지며 토 박스가 둥근 것이 특징이다. 1950년대 클라크스에서 북아프리카 주둔 영국 군인들의 군화에서 모티브를 얻어 처음 만들기 시작했다.

라펠(lapel): 재킷이나 코트의 칼라 아래에 위치한 천 덮개이다. 일반적으로 재킷이나 코트의 앞 가장자리를 접어 목 뒤쪽의 칼라에 꿰매어 만든다. 노치형, 피크형, 솔형 세 가지 기본 형태가 있다.

피시테일 파카(fishtail parka): 뒷면 아래 부분이 생선 꼬리 같아 이름 붙여진 겨울 외투의 일종이다. 극한의 추위로부터 보호하기 위해 여러 방한 부품을 탈부착할 수 있게 만들어졌다. 이 중 피시테일 부분은 다리에 묶어 보온성을 높일 수 있게 고안된 것이다. 최초 모델은 1948년 만들어졌으나 대량생산 모델은 1951년, 한국전쟁에 참전한 미군들을 추위로부터 보호하기 위해 만들어졌다.

머리는 덥수룩하거나 매우 깨끗해

구레나룻

존 스메들리의 긴팔 폴로. 단추는 모두 채워져야해.

라펠에 다는 핀 버튼

빈티지 6〇년대 스포츠 코트

그레이엄 마서의 「아이비룩」

M-1951 피시테일 파카

칼라 뒤쪽 단추와 로커루프가 있는 버튼 다운 셔츠

리바이스 '스타 프레스트'

바라쿠타 'G9' 해링턴

거울을 잔뜩 붙인 스쿠터

브레이크 없음

클라크스 데저트 부츠

1-1.5인치의 작은 커프스

구인치 화이트 레이블 노던 소울 레코드

바스 위쥰

바라쿠타 G9 해링턴(Barakuta G9 Harrington): 영국 맨체스터에서 시작된 허리길이의 가벼운 재킷. 의류 브랜드 바라쿠타가 골퍼를 위해 처음 디자인했으며 1958년 엘비스 프레슬리가 영화 「킹 크리올」에서 착용하고 나와 인기를 끌었다. 뒷면에 달린 우산 모양의 요크, 비스듬하게 달린 넓은 주머니, 개의 귀를 닮은 칼라를 특징으로 한다. 바깥 면은 면과 폴리에스테르, 울 또는 스웨이드로 만들어지며 안감은 타탄이나 체크 모양 원단이 많이 사용된다.

멜턴 CPO 셔츠(melton CPO shirt): 멜턴 원단으로 만든 두껍고 밀도가 높은 셔츠다. 1930년대에 미국 해군에서 최고하사관을 위한 유니폼으로 디자인되었고, 보통 플랩 포켓이 달려 있다. 셔츠에 사용된 멜턴 원단은 양모를 능직물 형태로 짠 원단으로 따뜻하고 부드럽다.

IVY INVESTIGATION
JAPANESE IVY

일본은 20세기 후반부터 지금까지 아이비 스타일을 미국으로 수출해왔어*

우와! 이건 얼마나 오래된걸까

여기에 문화적 강박관념과 디테일에 대한 집착이 더해져 일본은 아이비 스타일의 모방을 대표하는 나라가 되었어

그건 일본인들이 옛날 미국 옷 대부분을 문화적/사회적으로 접한 것이 아니라 잡지로 만났기 때문이라고 생각해. 그 덕분에 여러 아이템을 결합해 보려는 의지가 생겼던 거지. 미국에서라면 시도하지 않을 법한 방식으로 말야.

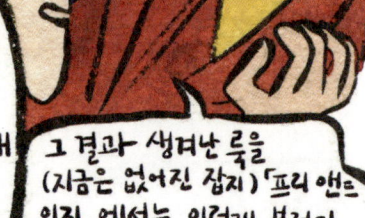

그 결과 생겨난 룩을 (지금은 없어진 잡지) 「프리 앤드 이지」에서는 이렇게 불렀지.

+ 데이비드 막스의 「아메토라」 참고

HEAVY DUTY AND DADSTYLE
헤비 듀티 앤드 대드 스타일

빈티지 스웨트 셔츠

버킷 햇

버즈릭슨 비니

토위드 스포츠코트

빈티지 샴브레이

멜턴 CPO 셔츠

빈티지 버버리

펩시 롤렉스

1960년대 미국 낙하산 카고 팬츠

빈티지 밴 재킷 쇼핑백

바틀웨어 파카

알든 코도반 PTB, 일본 모델

PTB(plain toe blucher): 클래식한 둥근 앞코를 가진 더비 스타일의 신발이다.

TIME OF THE SEASON

VINTAGE SHOPPING

펜들턴 스커트(Pendleton skirt): 미국 울 브랜드 펜들턴에서 만든
스커트. 펜들턴은 원주민 커뮤니티와 협력해 그들의 디자인을
활용한 많은 종류의 울 제품을 만드는 장인 브랜드다. 롱 데님
스커트, 박스 플리츠 울 스커트, 블랙 워치 펜슬 스커트 등 여러
종류의 스커트 제품을 선보여 왔다.

DICKS WINTER WISH LIST

최근에 내가 예전에 만든
"필요한 옷 말고 내가 원하는 옷"
목록의 거의 모든 것을 가지고 있다는
사실을 깨달았어

그래서 재정비할 필요가 있는 것 같아

빨간색 터틀넥.
너무 넉넉하지도 그렇다고
너무 붙지도 않는.

챔피온
'리버스위브'
스웨트 팬츠

흰 양말과 함께 신는
검정색 정장 캡토 옥스퍼드

날렵하고 각진
1960년대 스타일의
선글라스를 찾고 있었는데
지난 주에 찾았지 뭐야!

리버스 위브(Reverse Weave): 미국의 의류 브랜드 챔피온이 1934년 발명한 의류 제작 기술의 이름으로, 잦은 세탁에도 옷감이 줄어들지 않는 것이 가장 큰 특징이다. 생산 과정에서 면의 결을 잘라 내는 방식으로 개발해 수축에 강하고 내구성이 뛰어나다.

캡토(captoe): 토 박스 부분을 장식용 스티치 가죽으로 덮은 남성용 드레스 슈즈의 일종이다. 19세기 후반에 작업 부츠를 보다 격식 있게 발전시키는 과정에서 만들어졌다.

검정색 바스크 베레모.
네이비색이 있지만
검정색도 갖고
싶어

노란색 니트 셔츠.
존스메들리 같은 것.

트위드/개버딘 리버서블
레인코트

울 건체크 바지

건체크(guncheck): 스코틀랜드의 울라풀 지역에서 유래한
기하학적 격자무늬 패턴이다. 원래는 스코틀랜드 영지에서
그들의 유산을 표시하기 위해 사용되었으며, 처음엔
'코이가치'(Coigach)라는 이름으로 불렸다. 1874년경 미국의 한
사격 클럽이 유니폼에 이 패턴을 채택한 이후 건체크라 불리기
시작했다. 가장 일반적인 건체크는 서로 다른 크기의 검정, 적갈,
연한 금색, 녹색의 줄무늬가 교차하는 모양이다.

지난화에 이어 계속되는

TRENCHCOAT OBSESSION
PART TWO

완벽한 60년대 맥코트를 갖게 되면 내 탐색이 끝날 줄 알았지만, 이제 시작에 불과했어. 이제는 더블 브레스트 트렌치 코트를 꿈꾸기 시작했어...

비가 올 때 나를 완전히 감쌀 수 있는 무언가.

만화 속 탐정처럼 보이고 싶었어.

또는 전철을 타는 어퍼 이스트 사이드 뉴요커처럼 보이고 싶었어

존 휴스의 영화 속 아버지처럼 보이고 싶기도 했지

그리고 단추가 달린 체크 안감이 있어 더 따뜻한 걸 찾고 싶었어

이런 완벽한 코트를 찾는 건 불가능에 가까워 보였어. 고와너스에 있는 친구 션 크롤리의 가게 '크롤리 빈티지'를 방문하기 전 까지는.

친구가 이 엄청난 '인버티어' 트렌치코트를 갖고있었어. 가볍고 정말 멋졌어. 사이즈는 40.

제대로 된 스톰칼라가 특징

영화관에서 오른쪽 견장을 잃어버렸어

커프스가 닳아 없어지고 있어

보통 뒤쪽에 걸쳐 놓는 큰 벨트

INVERTÉRE
COAT WRIGHTS
EST 1904
MADE IN ENGLAND

이 코트는 한 가지만 빼고 완벽해. 바로 안감이 없다는 점이지. 그래서 내 탐색은 계속되는데…

인버티어 트렌치코트(invertere trench): 보온성과 방수 기능을 갖춘 알파카 플리스 안감을 덧댄 풀 기장의 더블브레스트 트렌치코트를 가리킨다.

스톰 칼라(storm collar): 라펠 뒤에 잠금장치가 있어 목까지 단추를 채울 수 있게 한 칼라를 말한다. 비바람이 불 때 유용하기 때문에 이 같은 이름이 붙었다.

IT'S ALL IN THE BAG

지난주 크롤리 빈티지에서 가져온 이 완벽한 작은 가방에 관해 쓰고 싶어서 "트렌치코트 집착" 연재를 잠시 쉬고 있어

보통 내 스케치북과 필통을 토트백에 들고 다녀

하지만 조금 더 방수가 되는 제품을 찾고 있었어

지금 사용하고 있는 방수 방법

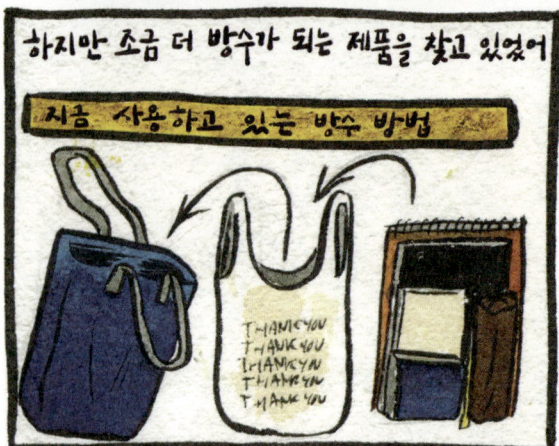

가죽은 너무 무겁지만 캔버스와 가죽의 조합은 완벽해 보였어

쿠르카가 제일 마음에 들었지만 너무 비쌌어. 이베이도 확인했지만 저렴한 것을 찾지 못했지.

카키 트윌 소재의 이그재미너 NO.5

엄청 멋지지만 새 상품이 895 달러

낚시 스타일 가방은 분위기는 마음에 들지만, 어깨끈이 있는 제품만 있는것 같아. 난 손잡이가 있는걸로 사고 싶었어.

'브래디' 아리엘 트라우트는 정말 잘생겼어

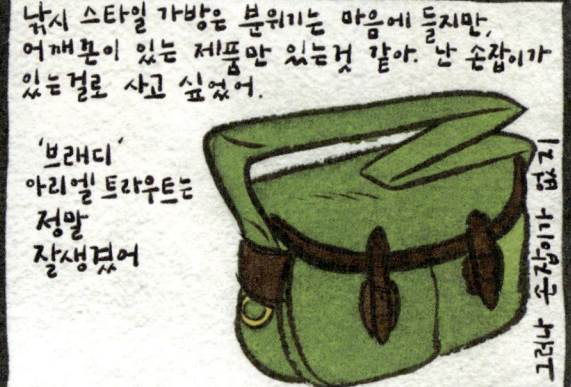

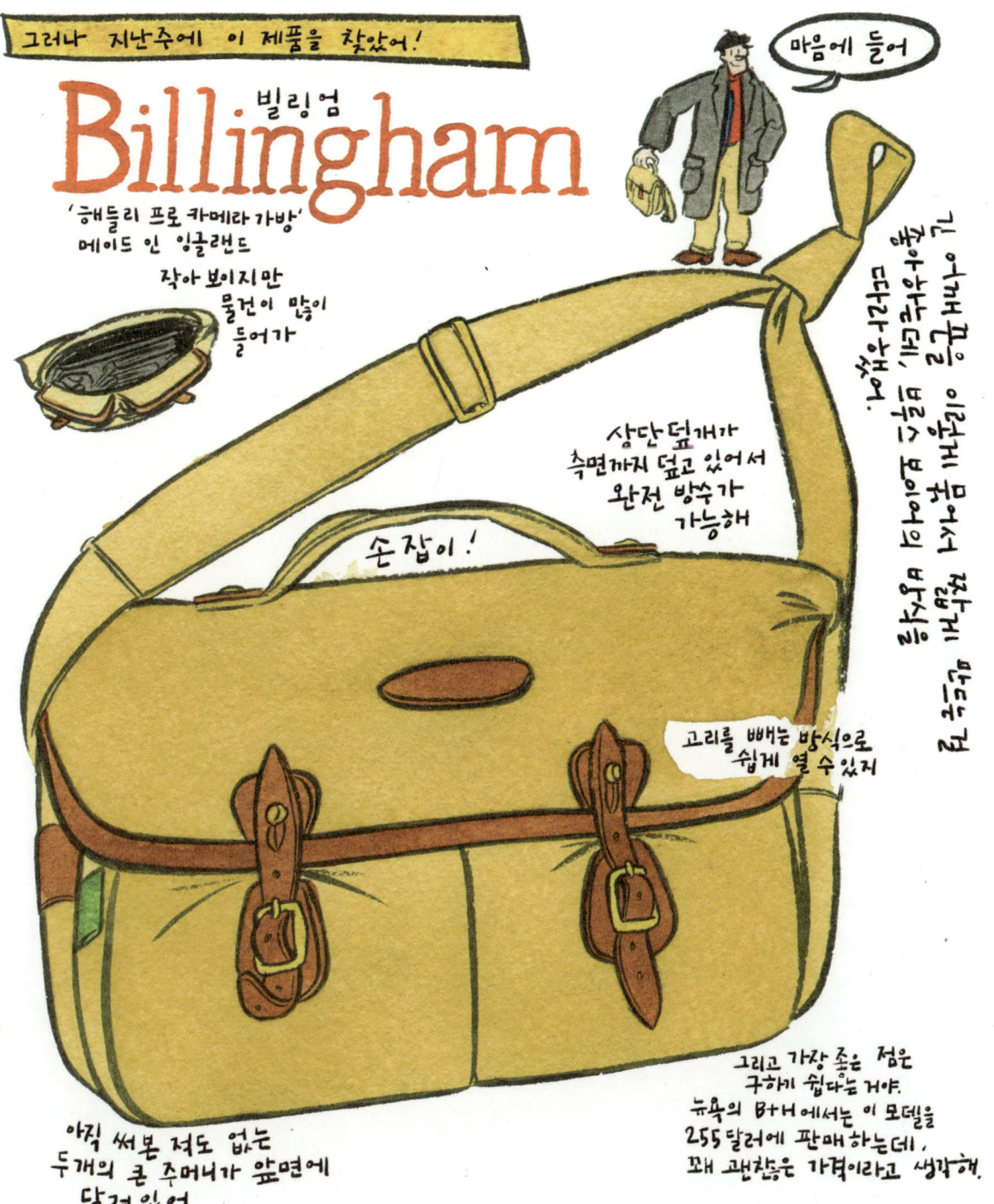

그러나 지난주에 이 제품을 찾았어!

빌링엄 Billingham

마음에 들어

'핸들리 프로 카메라 가방'
메이드 인 잉글랜드

작아 보이지만
물건이 많이
들어가

가죽끈을 이리저리 움직여서 좌우 어느쪽에서든, 바로 쓸 수 있어요. 따라왔어.

상단덮개가
측면까지 덮고 있어서
완전 방수가
가능해

손잡이!

고리를 빼는 방식으로
쉽게 열 수 있지

아직 써본 적도 없는
두개의 큰 주머니가 앞면에
달려 있어

그리고 가장 좋은 점은
구하기 쉽다는 거야.
뉴욕의 B+H 에서는 이 모델을
255 달러에 판매하는데,
꽤 괜찮은 가격이라고 생각해.

탠 면바지(tan cotton trousers): 다양한 의상과 매치할 수 있도록 중성적 색상의 면직물로 만든 바지. 비치 웨어부터 비즈니스용 정장에까지 폭넓게 착용할 수 있다.

BO BO

궁금장도 기른머리

전통적인 미국 아이비 스타일은 보통 '시크함'과 거리가 있지만, 프랑스의 부르주아 보헤미안은 무심한 태도와 파리지앵 특유의 감각을 결합해 그런 세련됨을 이룩지.

날카리한 레이양편

물고기 입 형태의 아르니스 라펠

네이비 더블 브레스트 블레이저

오버사이즈 코트와 트위드 재킷

가볍게 물로 뺀 청바지

또대지 청바지

허즈번즈도 그렇고 셀린느도 이 스타일을 정말 잘 만들지.

목에 걸친 스카프

체크 재킷

탠 개버딘 바지

검정색 싱글 멍크

프랑스 사람은 아니지만 웨스 앤더슨이 보통 이런 '보보' 감성을 잘 보여줘.

끝없이 들이켜는 에스프레소가 이 룩을 완성하지.

FRENCH IVY   PART SIX

보보(bobo): '부르주아'와 '보헤미안'이라는 단어의 합성어로, 보헤미안과 부르주아의 가치관과 라이프스타일을 동시에 갖춘 고학력자를 가리킨다. 1990년대 여피족의 후손을 묘사하기 위해 데이비드 브룩스가 『낙원의 보보』에서 만든 용어다.

허즈번즈(Husbands): 기성복을 판매하는 파리의 남성복 브랜드다. 니콜라 가바르가 1960년대와 1980년대 사이의 남성복 시대와 파리의 거리 스타일에서 영감을 얻어 2012년 설립했다. 전통적인 테일러링을 현대적으로 재해석한 1970년대풍 스타일로 유명하다.

싱글 멍크(single monks): 신발의 윗부분을 가로지르는 하나의 스트랩이 금속 버클로 고정되는 드레스화를 가리킨다. 슬립온 스타일인 로퍼와 달리 좀 더 캐주얼한 느낌을 준다. 19세기 후반 영국의 제화공 에드워드 그린이 창안했다.

롤넥(roll neck): 폴로넥, 터틀넥, 스키비라고도 부르는 형식으로 목을 덮을 수 있도록 높은 칼라를 접어 입는 스웨터를 말한다. 중세 유럽의 기사들이 갑옷으로 인한 피부 발진을 막기 위해 입었던 스웨터에서 유래했다고 전해진다.

반면, 헝클어진 프렌치 파스텔 톤의, 코듀로이 바지, 모자, 긴코트, 그리고 마치 스스로 맨 듯한 매우 독특한 스카프를 착용하는 나이든 세대도 존재하지.

로든 코트(loden coat): 양모 직물의 일종인 로든 천으로 만든 전통적이고 두꺼운 방수 재킷 또는 오버코트. 보통 짙은 녹색으로 염색되기 때문에 '올리브'라고도 불린다.

파라부트(Paraboot): 편안하면서도 방수 기능이 있는 신발로 유명한 프랑스의 신발 브랜드. 1908년 설립되었으며 고급 가죽과 전문적인 바느질 기술로 잘 알려져 있다. 그중 미카엘은 1945년부터 생산된 제품으로 가장 고전적이고 아이코닉한 모델 중 하나다.

사틴(sateen): 면이나 레이온 같은 단방사 원사로 만든 부드러운 원단을 말한다. 이에 반해 새틴(satin)은 실크, 폴리에스테르, 나일론과 같은 필라멘트 섬유로 만든 것을 말한다. 사틴은 통기성과 내구성이 좋기 때문에 침구류 등에 주로 사용되는 데 반해 새틴은 고급 의류나 란제리, 실내장식 등에 자주 사용된다.

COUCH QUARANTINE

머리를 정말 자연스럽게 내버려 뒀어

라코스테 카디건 '아이조드'. 메이드 인 미국.

항상 닌텐도 스위치를 하고 있어. 요즘은 「발더스 게이트2」를 플레이 중이야.

아르페뉴어 브르타뉴 줄무늬 셔츠. 겹쳐 입기에 좋고 보통 티셔츠 보다 따뜻해.

'저스트 두 잇' 나이키 스웨트 팬츠

챔피온 리버스위브 스웨트 셔츠. XL 사이즈. 정말 크고 포근해.

빅더블유에서 산 내가 제일 좋아하는 오스트레일리아산 어그 부츠.

MARYLAND

브르타뉴 줄무늬 셔츠(striped breton): 프랑스 브르타뉴 지방에서 유래한 세일러 셔츠다. 배 밖으로 떨어진 선원을 쉽게 발견할 수 있도록 디자인되었으며 1858년 프랑스 해군의 공식 유니폼으로 도입되었다. 배 위의 생활을 견딜 수 있도록 두꺼운 울 소재로 제작되었으며 쉽게 입고 벗을 수 있도록 목 부분이 넓은 것이 특징이다. 최초의 디자인은 스물한 개의 파란색 줄무늬가 그보다 두 배 넓은 흰색 줄무늬와 번갈아 배치되어 있었는데 여기서 스물한 개의 파란 줄무늬는 나폴레옹의 승리를 상징했다. 이후 패션 아이템으로 편입되어 코코 샤넬, 장 폴 고티에 컬렉션의 중요한 일부가 되었다.

몇 시간 뒤 그 바지 때문에 다시 돌아갔어

잠시 후

아까 그 청바지

아무래도 사야겠어

그 바지는 사용감이 많았는데, 다리가 스트레이트하면서도 약간 슬림했고 작게 찢어진 곳이 있었어. 커트 코베인의 에너지가 강하게 느껴졌어.

그래서

그렇지!

끝내주네!

끝

하지만 나중에 현실에서는

어제 한 시간 정도 무릎에 난 구멍을 꿰매는 데 보냈어.

지금은 이 바지가 더 좋아졌어

나쁘지 않네

SPECIAL DISCOUNTS

저녁에 아내는 「가십걸」 재방송을 보고 나는 이베이를 검색하고 있었어

지금 당장 살 생각은 없지만 보는 것만으로도 카타르시스를 느껴.

뭐 하고 있어?

정말 멋진 물건을 보면 '좋아요'를 누르고 넘겨.

세상이 좀 정리되고 나면 사볼까 하면서.

버킷햇 좀 보고있어. 사진 않을거야.

그런데 어떤 일이 일어나기 시작했어.

내가 관심품목에 넣어둔 상품에 대한 '특별할인' 알림이 계속 오는 거야.

이따금씩 40, 50% 할인하는 것도 있었어.

한 시간 뒤

부르르르르

쿨쿨

아무것도 사지 않기 정말 힘들더라고

우와!

40% 할인이네. 아무래도 사야겠어

Outside Inside

내 아내는 멋지고 편안한 스타일을 추구해서, 격리 중 입는 옷이 정말 잘 어울려! 아내의 주요 옷차림은 두가지야.

설명이 필요없을 정도로 간단하지만 자세히 살펴보고 싶어.

먼저 실외에서 입는옷이야

우리의 친구 에리카가 준 마스크

지갑없음. 열쇠, 작은 소독제, 신용카드.

무선 이어폰과 스마트폰

우리가 같이 입는 빈티지 프렌치 초어 코트

남영주 이미

아내는 더 추워지면 유니클로에서 산, 안감에 충전재가 든 '월드라프레싱스' 다운 재킷을 입어.

블런드스톤

악천후나 추위에 대비 하기 위해.

수페르가

잘라낸 리바이스

털북숭이 모헤어 스웨터

초어 코트(chore coat): 19세기 프랑스의 노동자, 농부, 철도 노동자들의 작업복으로 시작된 재킷으로 박스형 실루엣과 큰 주머니가 특징이다. 헛간 코트, 유틸리티 재킷이라고도 부른다. 데님, 헤비 코튼 또는 몰스킨 등과 같이 견고한 원단을 주재료로 한다. 1880년대 리바이스가, 1925년부터는 칼하트가 그들만의 디자인으로 초어 코트를 생산했다.

멀릿(mullet): 앞, 위, 옆머리는 짧게 자르고 뒷머리는 길게 둔
헤어스타일.

지퍼 플라이(zipper fly): 지퍼를 사용하여 바지 또는 스커트의 앞쪽 입구를 닫는 잠금장치다. 여기서 플라이는 가랑이 입구를 덮는 소재 조각을 뜻한다. 지퍼는 1913년 기드온 선드백(Gideon Sundbäck)이 발명했고 1920년에는 리바이스가 지퍼를 사용한 최초의 청바지를 만들었다. 지퍼 플라이는 버튼 플라이보다 사용하기 쉽고 더 평평한 모양을 만들 수 있었다.

모크넥(mock neck): 목의 대부분을 덮는 높은 칼라가 있지만 터틀넥이나 롤넥처럼 접을 수 있을 만큼 천이 길지는 않은 스웨터 형태를 말한다.

재즈 담배(jazz cigarette): 1920년대 미국에서 마리화나 담배를 일컫던 말이다. 당시 마리화나는 주로 재즈 클럽에서 거래되었기 때문에 이 같은 이름이 붙었다.

비트 부흥기
BURGEONING BEAT

바슈롬
메이드인
미국

장 뤼크 고다르 스타일의 렌즈가 달린
1950년대 날렵한 각도의
아세테이트 안경

다소
뾰족한 끝

검정색 모크넥

블레이저

앞 단추가 달린 비건 가죽

나는 아마
모타운 그룹의
로드 매니저와

미드센추리 미국의
일상적인 스타일을
섞은 모습으로 보이고
싶은 것 같아

플래드
바지

우리는 2000년대 초반의
개러지록의 부흥부터 노던 솔,
브리티시 인베이전, 프랑스
뉴웨이브 영화에 이르기까지
우리에게 중요한 영향을 끼친
많은 것들을 공유하지

THE HIVES

EXPLOSION

슈윈(Schwinn): 자전거, 피트니스 장비 및 레크리에이션 제품을 제조하는 미국 회사다. 1895년 이그나즈 슈윈이 시카고에서 설립했으며 현재 미국을 대표하는 자전거 제조 업체로 성장했다. 낮은 라이딩, 높은 핸들 바, 크롬, 긴 바나나 시트 등 복고풍 스타일로 유명하다.

믹스(MIPS): 다방향 충격 보호 시스템(Multi-directional Impact Protection System)의 줄임말이다. 낙상 시 뇌 손상 위험을 줄여 주는 기술로 헬멧의 외피와 두개골 캡 사이에 얇은 보호층이 있다.

워시앤드웨어 면(wash-and-wear cottons): 화학 용액으로 처리한 면직물로, 세탁 후 건조가 빠르며 별도의 다림질이 필요 없는 것이 특징이다.

FOOD MEMORIES

BABY BACKSTITCH

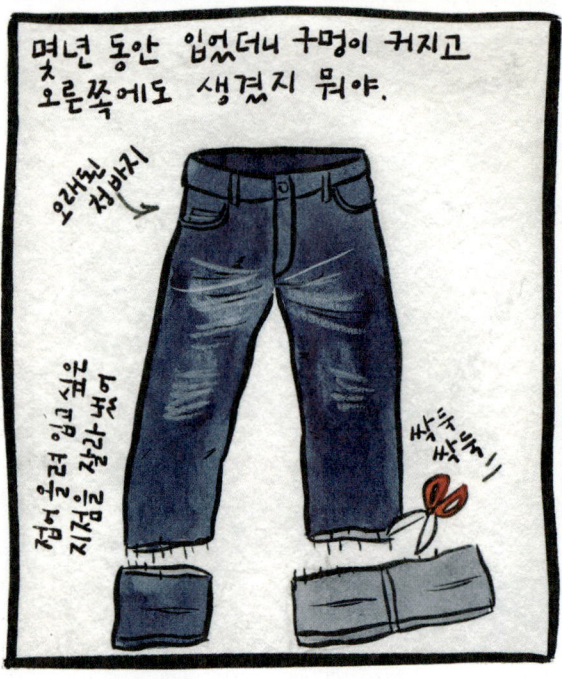

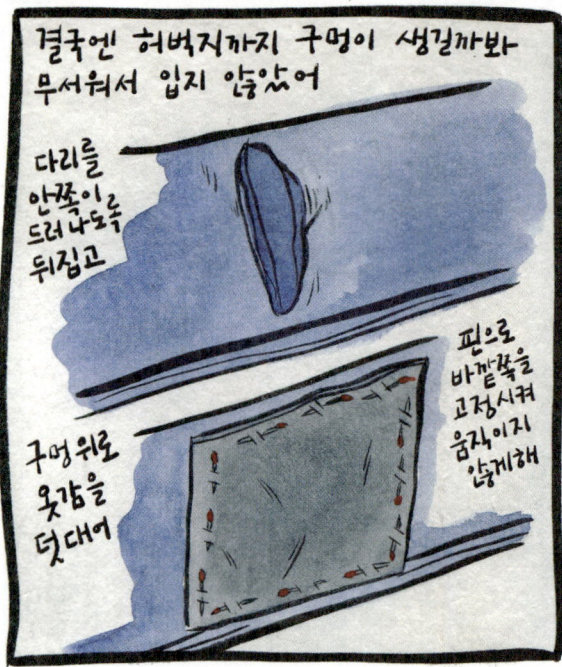

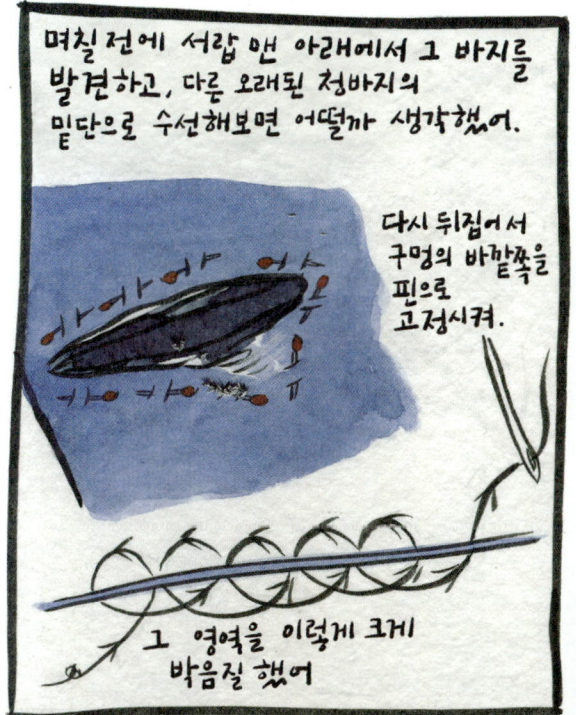

TRANSITIONAL DRESSING

가을이 되어 단풍이 물들고 공기에 한기가 감돌고 있어

9AM 10°C

일년중 옷 입기 가장 좋은 시기지.

1PM 20°C

편안하게 겹쳐 입기에 충분히 시원해

5PM 18°C

하지만 난방을 켜야 할 정도로 춥지도 않아

9PM 10°C

윗옷으로는 아직 티셔츠와
럭비셔츠를 입고 있어.
저녁에는 카디건과 함께.

라코스테 카디건

뉴사우스웨일스 블루스 저지

빈티지 스웨트셔츠

집에서 나설 때 그대로 입고
그 위에 스포츠 저지를 걸치지.
지금은 코듀로이와 플래드가
좋지만 더 추워지면 트위드로
바꿔 입으려고 해.

TWO FOR THE PRICE OF TWO

2005 fit

얼마 전에 내 친구 아메치가 이 완전 멋진 빈티지 나이키 윈드 브레이커를 줬어.

이 옷을 입었더니 젊은 시절의 내 스타일과 — 핏은 조금 다르지만 — 많이 닮았다는 것을 깨달았어.

바보같이 덥수룩한 앞머리

챙이 위로 올라간 모자

모자의 챙을 꺾기도 했어. 이 시기에 쓰던 모자를 아직 몇개 갖고 있어

젠하이저 HD25도 그리고 아이팟 미니

내가 좋아했던 슬림한 리바이스야. 모델명은 잊어버렸지만 검정색 '탭'이 있었던 것 같아. 가레마 플레이스의 게스 매장과 카페 에센 근처의 멋진 상점에서 샀어.

제일 좋아했던 비스티 보이스 티셔츠

뒤에는 이렇게 적혀있다

ALOHA MR. HAND
알로하　　이스터　　핸드
아직도 무슨 의도인지 모르겠어···

내 왼쪽 발가락에는 항상 알리를 시도하다가 생긴 흠집이 있었어.

바지 다리 안쪽으로 말아올린 밑단

아디다스 가젤 스웨이드 이 신발 다시 사고 싶네···

알리(Ollie): 스케이터가 점프하고 보드의 꼬리를 발로 차서 공중으로 띄우는 스케이트보드 기술의 일종. 손을 사용하지 않고 장애물이나 연석을 뛰어넘을 때 사용한다.

2020fit

머리가 더 길어.
의도한 건 아니고
겨리때문이야

빠리 봄이 되어서 반바지나
빛바랜 청바지, 그리고
체크 셔츠와 함께
이 재킷을 입고 싶어.

같은 재킷

뒤쪽에 내 이름이
있는 재킷

CARROLL TRACK

LJC 1955 5의 표피!

정말 멋져!

소매와 밑단에는 작고
타이트한 신축성있는 밴드가
달려 있어.

바람이 들어오지 못하게 해줘
그렇기 때문에 '윈드브레이커'지

많은 사람들이 요즘
그 어느 때보다도
향수에 젖어있어

그런데
나는 내 삶
에서 이런
반복되는 주기를
찾아보는게
좋아

로퍼. 내가 더 어렸을 때
이 신발을 신는 걸 정말 좋아했어.
하지만 빈티지를 찾기 어렵고
새 제품을 살 돈도 없어.

내 진짜 최애는 스톡홀름에서 산 프랑스산
'로레르' 헤리티지 베레모야.

확실하지 않지만
아마도 가죽
스웨트 밴드

착용 안감

머리 둘레는
센티미터로

지름은
인치로

61   9½

9.5인치

9.5 인치가
비교적 작고
제일 잘 맞아.
10인치 조차
너무 커.

내가 이것과 정확히 같은
베레모를 팔곤 했어. 심지어
나도 몇개 갖고 있었지만
미국으로 오면서 잃어버린
것 같아

오자로
눌린 머리

ㅇ

이 모자를 쓸때마다
이마에 짙은 빨간 선이
생겨. 아무래도 머리를
잘라야겠어.

페어아일(fairisle): 스코틀랜드 셰틀랜드 제도의 페어아일섬에서 시작된 전통 뜨개질 기법이자 스타일을 말한다. 여러 가지 색으로 이루어진 기하학적 패턴이 띠를 이루는 것이 특징이다. 1920년대 웨일스 왕자(훗날의 에드워드 8세)가 페어아일 점퍼를 착용한 후 인기를 끌었으며 이후 다이애나 비 또한 페어아일 스타일의 옷을 즐겨 입었다.

트레이디(Tradie): 2010년 벤 굿펠로가 설립한 오스트레일리아의
의류 브랜드다. 속옷으로 시작했지만 작업복, 부츠, 유아복 등으로
범위를 넓혔으며 음료, 미용 기기, 스킨케어도 취급한다.

오래되고 헐렁한 라코스테 폴로셔츠.
나는 이걸 모든 옷과
함께 입어.

VB 티셔츠는 고향이 생각나게 해.
세탁하기도 쉽지.

여름용 플립플롭.
보데가에 가거나
차에 갈때 신는 용도.

메이드 인 프랑스

best of 2020

이번 겨울에 언더셔츠 없이 니트를 입기 시작했어.
따뜻하지만 너무 덥지는 않게.

존 스메들리 양모 (메리노보다 포근한)

검정색 셰틀랜드.
일종의 비트닉 아이비 느낌.

이제는 드레스셔츠보다 니트폴로를
훨씬 더 많이 입어.

비트닉 아이비(beatnik ivy): 비트 세대와 아이비 스타일이
결합된 양식을 가리킨다. 비트 세대는 1950–1960년대
반문화, 반물질주의를 지향하며 소비주의에 저항했던 일련의
움직임을 말한다. '비트닉'이라는 단어는 '비트'(beat)에 '-닉'(-
nik)이라는 접미사를 붙인 것으로 소련 우주 비행선이었던
'스푸트니크'(Sputnik)에서 영향 받은 조어로 보인다. 턱수염,
비스듬히 뒤로 넘긴 코듀로이 혹은 트위드 모자, 스포츠 코트,
터틀넥, 선글라스 등이 전형적 특징이다.

DONT LET THE MAILMAN SEE ME

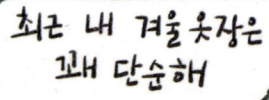

SHORT SCARVES

네커치프(neckerchiefs): 목(neck)과 스카프를 뜻하는 '-kerchief'를 합쳐 만든 단어로 농장 노동자, 카우보이, 선원 등 야외에서 일하는 사람들이 주로 착용하던 목도리를 말한다. 삼각형의 천 조각을 말아 올린 후 고정해 착용한다.

반다나(bandanna): 힌디어와 산스크리트어에서 '묶다'라는 뜻을 지닌 'bāndhnā'에서 유래한 단어로, 크고 화려한 스카프의 한 유형이다. 주로 머리나 목에 착용하며, 페이즐리 무늬가 프린트된 경우가 많다. 20세기 이후 카우보이나 군인, 히피 등이 즐겨 착용하면서 대중화되었고 특히 1970년대 이후 바이커들의 상징으로 떠올랐다.

프레이드 에지(frayed edge): 담요, 카펫 혹은 커프스 등의 가장자리가 닳거나 찢어진 것을 뜻한다.

로레르 베레모

나는 이렇게 입었어

글로버올 더플.
일년 내내 입은 적이
없어서 한번 입어
봤어.

로열 스튜어트
짧은 스카프

존 스메들리
노란색 니트.
빨간색을 입을까
고민했지만,
노란색 니트와
빨간색 스카프를
함께 입는 걸
좋아해.

밝은 회색
플란넬
초크스트라이프
정장.

필통을 깜빡해서
바텐더 키스에게
펜을 빌렸어.

군화스타일의 고무 밑창이 달린
드레시한 앵클 부츠.
눈이 올때 좋아.

초크스트라이프(chalk stripe): 초크 선과 비슷해 보인다고 해서
붙여진 줄무늬다. 2-5개의 실로 짜여 있으며 핀스트라이프에 비해
덜 또렷해 보이는 것이 특징이다.

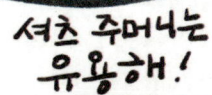

셔츠 주머니는 유용해!

Pockets

언젠가 내 인스타그램 친구 @BERKELEY_BREATHES가 OCBD의 주머니 덮개에 관한 게시물을 올린 적이 있는데, 새삼 내가 셔츠 주머니를 얼마나 좋아하는지 깨달았어.

그래서 내가 '셔츠 파우치'에 넣어두는 물건을 살펴볼까 해.

이걸 '여름소년들' 그리고 '파티보이'와 함께쓰면 '완전체'가 될수있어.

[클래식 콤보] CLASSIC COMBO

피빙

또 다른 펜

0.8mm 로트링 라피드

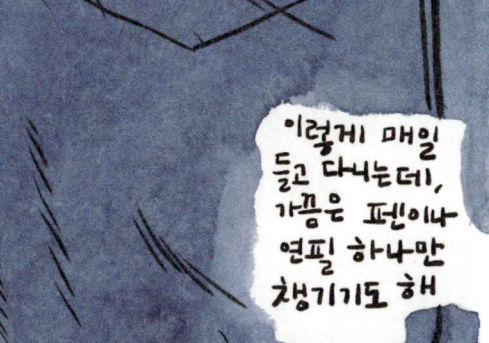

이렇게 매일 들고 다니는데, 가끔은 펜이나 연필 하나만 챙기기도 해

[여름 소년들]
BOYS OF SUMMER

너무 짧아서 주머니가 없는 반바지를 입는 여름에 쓰는 방법이야

15:02
MON. 8 MAR. 6°C
38%

지갑은 내 허리띠에 걸어. 일명 '아저씨 식 수납'이지. 선글라스는 실내에서도 계속 쓰고 있어.

휴대폰. 내 S8은 너무 자주 떨어 뜨려서 픽셀이 나갔어.

열쇠. 다소 부피가 크지

[파티 보이]
PARTY BOY

집에 신경쓰지 않고 여러 행사에 참석할수 있었던 시절에는 지갑을 꺼낼 필요 없도록 주머니에 돈을 자주 넣어놨어. 그래서 주머니에 14달러 어치 지폐를 넣은 채로 셔츠를 세탁기에 넣고는 했지.

보통은 나중에 건조기에서 발견돼.

알수없는 미국 동전

NOT SO COLD

샤워를 마치고 벌벌떨며 거실의 바 히터 앞으로 뛰어가는 것이 일상이었어.

어렸을 때 겨울이 더 힘들게 느껴졌어.

밤에 침대에서 입김을 볼수 있었고 양말을 신고 자곤 했어. 심지어 비닐을 썼던 기억도 있어.

내 생각엔 우리가 추위에 대한 준비가 안되겠던 것 뿐이야.

일년 내내 반바지를 입고 있었기 때문에 학교가 시작 하기 전에 언덕 위에서 '따뜻한 곳'을 찾아 앉아 있었어.

그래, 이해 했어

그래서 뉴욕의 겨울은 따뜻한 아파트와 울 플란넬 바지, 그리고 캐멀헤어코트만 있으면 그렇게 나쁘지 않아.

야

춥다

SPRING SPRUNG

아, 봄! 여름의 폭정이 시작되기 전 견딜수 있는 마지막 계절.

지난주에 그동안 입던 겨울옷을 정리하고 반바지와 반팔 폴로를 꺼냈어

올해 첫 반바지?

이 상쾌한 공기, 기분 최고야

잠시 후

Fish tail

몇주전 친구를 만나러
그린포인트로 가고 있었는데
생각했던 것 보다 추웠어.
그래서 스텔라 댈러스에 잠깐 들러
이 M-1951 파카를 샀어.
정말 예뻐!

영감을 받은 영화
「콰드로페니아」

클래식한 모드
스타일의 정장 위에
입는걸 좋아해

예전에
프레드 페리에서
산 것도 있었는데
미국으로 오면서
롭 삼촌에게 줬어.

군용 셔츠

정강이색 옥스퍼드

1960년대의
멋진 선글라스가
룩을 완성해

네이비색
정장도
시도해봐!

과거에 모드족은 등에
유니언잭이나 기호를
그렸어

먼지장

WHO

내 파카는 그대로
두려고 해

Parka M-1951

이 파카를 청바지, 검정색 로퍼, 단색 니트, 그리고 긴 스카프와 함께 일종의 캐주얼한 프렌치 스타일로 입는 것도 좋아해.

내 파카는 안감은 있지만 모자는 없어.

안감을 빼도 몸체가 엄청 가볍고 예뻐서 봄에 다른 옷과 함께 레이어드 해서 입기 좋아

내 생각에는 로열 스튜어트 타탄이 최고야

모자 안감도 좋아보여 가장자리에 털이 달려있고 다따뜻한 것 같아. 다음 겨울엔 이베이에서 하나 구입해 봐야지.

소매를 매우 꽉 조일수 있어서 레플리카에서는 볼수 없는 멋진 물결 모양의 소매를 연출 할 수 있지.

빛 바랜 505 청바지와 앝믄 태슬 로퍼

마음에 들어

SPRING SPRUNG

몇 주전 겨울옷을 정리할때 남겨둔 스웨터는 캐시미어 브이넥 세 개 뿐이야.

파랑 빨강 베이지

모두 스코틀랜드 빈티지야. 새로운 캐시미어를 살 돈은 없어.

내가 제일 좋아하는 것들이야!

아침에 눈을 뜨자마자 티셔츠 위에 입는 걸 좋아해

아니면 아무것도 안 입기도 하지!

바깥에 나갈때는 단색폴로나 반팔 플래드 스포츠 셔츠 위에 입어

더워

그러다가 너무 더워지면 벗고 싶어지는데 그럴때 보면 항상 가방이 없어. 그래서 손을 사용하지 않고 스웨터를 '들 수 있는' 방법을 몇 가지 생각해봤어.

어떻게 하지…

터커 칼슨(Tucker Carlson): 미국의 방송인이자 정치평론가다. 2016년부터 '터커 칼슨 투나이트' 진행을 맡고 있다.

클래식 코베인(classic Cobain): 커트 코베인이 끼친 음악적, 스타일적 영향을 말한다.

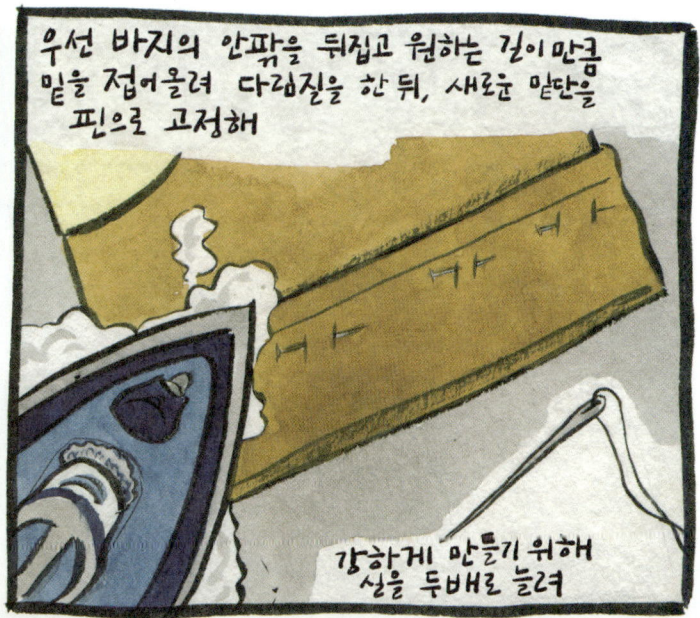
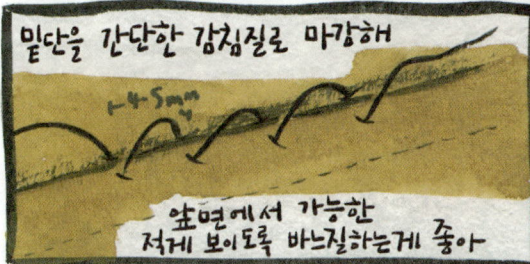

TRANSITIONAL JACKETS

여름 재킷은 사실 좀 모순적으로 들리는 단어이긴 해

밤에 여전히 쌀쌀한 초여름에는 이런 '해링턴' 스타일의 골프재킷을 걸치곤 해.

라코스테 아이조드. 메이드 인 미국.

하지만 그렇다고 여름에 재킷을 입고 싶지 않다는 뜻은 아니야.

주로 파스텔 색상이야. 나는 연한 파랑과 노랑을 좋아해.

영국 아이비 스타일의 전설인 존 시먼스가 한 드라마 스타의 이름을 따서 '해링턴'이라고 불렀어.

해링턴(harrington) 재킷: 허리 길이의 가벼운 남성용 재킷.
커프스와 허리는 신축성 있는 재질로 만들어지며 타탄 혹은
체크무늬 안감이 대어져 있다. 앞면 양쪽에는 비스듬한 버튼식 플랩
포켓이 있고, 뒷면에는 통풍구가 있기도 하다. 원래는 바라쿠타
재킷, 혹은 G9이라는 이름으로 알려졌지만 1960년대 TV 드라마
「페이턴 플레이스」에서 로드니 해링턴이 자주 착용한 뒤부터
해링턴 재킷이라 불리고 있다.

ONLINE SHOPPER

L.L. 빈 버킷햇

NSW 블루스 모자

모자는 항상 부족해

내가 제일 좋아하고 가장 오래된 파나마햇

브룩스 브라더스 셔츠가 최고야. 멋진 것으로 네 개를 챙겼어.

빈티지 브룩스 브라더스 포플린

알든 부츠 (하이킹을 위해)

오래된 캔버스 CVO

빈티지 맥머트리 포플린

뉴욕보다 춥기 때문에 가벼운 60/40 파카를 챙겼어. 겹쳐 입기 좋아.

퀴디 블루처. 양말이 있든 없든 잘 어울려.

OCBD 옥스퍼드

파라부트

1970년대 고어텍스

블루처(bluchers): 신발 끈으로 묶어 신도록 만들어진 구두를 말한다.

GOOD CLEAN SUMMER

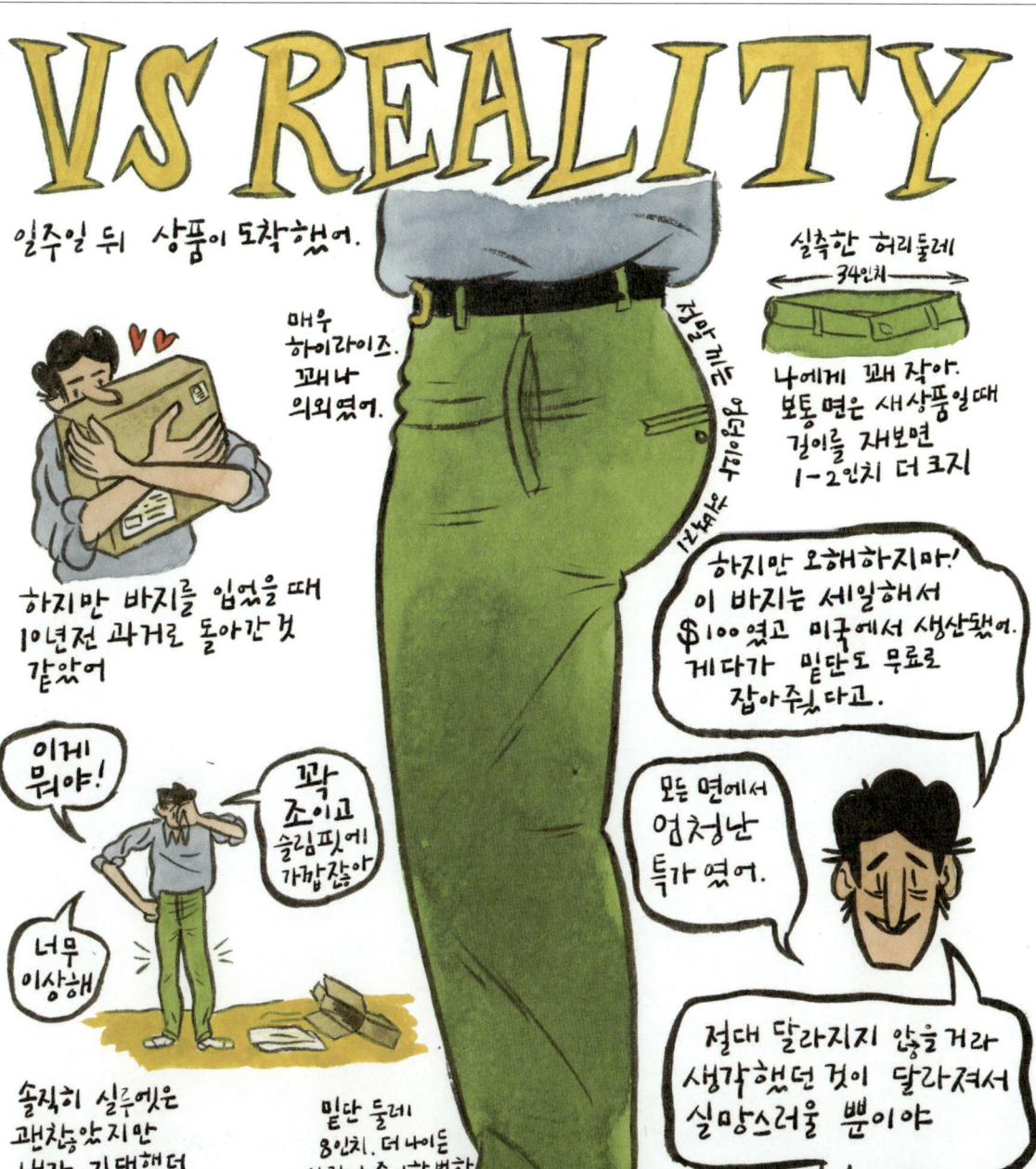

싱글렛(singlet): 칼라가 없는 가볍고 신축성 있는 민소매 탱크톱을 말한다.

STREET STYLE

헤르베르트 폰 킹 공원

분홍색 머리

잘고 딱 맞는 스키키 모자

갈색 크롬탑

개클 산책시키는 중

멋진 멀릿 머리 스타일

빨간색 플라스틱 벨트

내놓은 배

검정색 벨벳 드레스

밝은 초록색 실크 바지

옆면에 밴드가 달린 닥터마틴

플랫폼 굽

베이비 블루 버킷햇

애시드 그린 선글라스

양말 없이 슬리퍼

초록색과 흰색이 섞인 홀치기염색 모자

갈라넌 싱글렛

캐러멜색 타이츠

슈퍼스타

I NEED A CHANGE

매년 이맘 때가 되면 항상 마음은 바뀌지만 아직 날씨에는 변화가 없어.

오늘은 약간 선선한것 같네

정신적으로 마음을 먹고 겨울을 맞이할 준비가 되어 있어.

재킷을 입어야지!

이번주 수요일이면 공식적으로는 여름이 끝나.

갈색 시어서커 스포츠코트 (브룩스 브라더스)

페이즐리 셔츠

면 치노

클락스 데저트 부츠

하지만 뉴욕은 여전히 정말 덥고 습해.

밖에 나오니까 좋네!

몇주전 내 친구 크리스가 엣시에서 팔고 있는 정장 링크를 보냈어

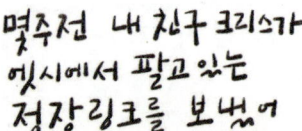

JUST DO IT

브룩스 브라더스 스리피스 프린스 오브 웨일스 트위드

트위드라니, 말도 안돼.

점점 추워지고 있는데

사이즈가 좋다

2주뒤 TWO WEEKS LATER · USPS로 받음

멋진 핏!

소매가 약간 짧아

내 팔이 길어서 항상 비슷한 문제가 있어

바지는 약간 길어

최근에는 내 옷을 직접 수선하고 있는데, 소매를 늘릴 수 있을것 같아

직접 하는 건 재미있지!

재단사에게 더욱 감사한 마음이 들게 되지

게다가 집에서 나갈 필요가 없어

먼저 모든 솔기를 풀고 단추를 떼어내.

원래 접혀 있던 자국을 열 수 없어

그런 다음 스팀이나 다리미로 눌러서 기존에 재봉했던 선을 제거하면 돼.

① 소매가 아직 뜨거울 때 재킷을 입어

안쪽으로 접어

그 다음 소매를 적당한 길이 만큼 접어.

② 소매 끝단이 조금 보이도록 만들어

¼ ~ ½ 인치

하지만 너무 많이 보이진 않게.

③ 조심스럽게 재킷을 벗고 잡아 둔 소맷단을 다림질해

천이 그슬리지 않도록 낡은 셔츠 같은 것을 위에 덧대.

④ 소매를 뒤집어

안감에 핀을 꽂아 소맷단을 고정해

⑤ 새로운 단에 맞춰 안감을 바느질해

나는 간단한 감침질로 마감했는데 충분히 괜찮았어!

⑥ 다시 뒤집고 버튼을 달아.

¼ 인치
¼ 인치

만약 오픈 커프스라도 그냥 꿰매버려. 여기에 멋부리지마.

AND SO 그리고 드디어

오 멋진데

나쁘지 않아

?

하

버튼을 이상한 곳에 달았네

여기 있어야 하는데

이 밑에 달아 버렸어

오 이런!

오버올(overalls): 가슴 위로 앞 덮개가 달린 바지를 어깨에 스트랩으로 고정해 입는 작업용 의복.

GQ 박스(GQ Box): GQ 에디터가 직접 엄선한 그루밍, 의류, 액세서리 및 라이프스타일을 위한 다양한 제품이 포함된 분기별 구독 박스를 말한다.

네이비 로레르 베레모

반티지 선글라스

Burberrys'
MADE IN ENGLAND

(추정컨대) 1960년대 버버리 맥

67% TERYLNE 33% cotton
DRY CLEAN ONLY

Burberrys
155 4
Makers
ALL COTTON
WASH HOT MACHINE

굵기가 일정한 줄무늬 브룩스 옥스퍼드 셔츠. 목 부분이 너무 조여서 열어 둬.

아이리시 포플린 로열 네이비 렙 타이

브룩스 브라더스 제품이라 줄무늬가 반대야

바워리 블루의 내 친구 에베 받은 토트백

올리브색 갭 정장

정장 색깔과 맞춤 양말

집 가는 지하철에서는 너무 따뜻해

광을 낸지 좀 된 검정색 옥스퍼드

HOUSE SHOES

8이년대 후반 / 9이년대 오스트레일리아 시골에서 자란 사람들은 신발에 있어서 굉장히 자유로운 태도를 지니고 있어

중년에 가까워진 지금도 이 태도를 유지하고 있지

이 말은 즉 실내용 신발을 신을 필요가 있다는 뜻이지

하지만 뉴욕의 겨울은 춥고 내 스튜디오 바닥은 항상 맨발에 붙기 쉬운 지우개 가루와 작은 종이 조각으로 덮여 있어.

겨울에 신는 대표적인 신발이 두가지 있어

실크안감이라 양말을 신지 않으면 너무 땀이 나서 양말과 함께 신어.

파리에 있는 매슈 쿡근에서 맞춤제작·홍색 안감으로 마감된 갈색 벨벳 신발.

클래식한 모노그램이 발등에 새겨져 있어. 리처드 윌리엄 캐럴.

밥 삼촌에게 크리스마스 선물로 받았어

아마 1이년 정도 된것 같아.

클래식 CLASSIC 슬리퍼 SLIPPERS

PARTY PANTS
파티 바지

검정 또는 네이비 베레모

네이비 블레이저와 그 안에 입은 검정 롤넥

빨간 스카프는 축제 같은 느낌을 줘. 길지 않은 걸로.

보데가에 맥주를 사러 갈때 입을 폴로 코트

SUNNIES INSIDE
실내에서 선글라스 쓰기

종 역겹지만 멋져 보이는건 사실이야. 그리고 아무도 당신을 괴롭히지 않을거야. 너무 스트레스 받지마.

검정색 태슬

연말 클래식! 빈티지 타탄 트루를 입고 즐겨봐. 초심자라면 상의는 심플하게 입는게 좋아.

SUIT + KNIT
정장 니트

빨간색 스베들리 메리노셔츠

당연히 롤넥도 괜찮아

핀스트라이프 플란넬 정장. 포근하고 구깃구깃한.

엄청난 메트로이드배니아 게임도 함께.

벨벳 슬리퍼. 자세한건 지난화를 확인해봐.

약간의 재미를 더한 정장. 나는 밝은색 니트를 선호하지만 원하는대로 선택해도 좋아.

비터지 초록색 렌즈

타탄 트루(tartan trews): 타탄 팬츠의 일종으로 스코틀랜드의 전통 남성 의복이다. 킬트를 대체할 수 있는 아이템으로 정장과 캐주얼 모두에 잘 어울린다.

THE ODD VEST

웨이스트 코트 또는 웨스키트 라고도 부르는 이상한 조끼. 조끼라는 이 시대착오적인 옷에 관한 발표를 하려고 해.

조끼는 꽤 따뜻하고 작은 주머니가 엄청나게 많아.

나는 이 기묘한 옷의 역사를 좋아해. 시간이 흐르면서 조끼는 버락 가디건과 래리 데이비드가 입을 것 같은 쿼터집이 달린 옷으로 대체되었어

재킷을 벗으면 당구를 정말 잘하는 사람처럼 보여

특별히 수요가 많지않기 때문에 보통 온라인에서 좋은 가격에 구입할수 있지.

내 기억으로는 2010년 정도에 런던 브릭레인에서 첫 조끼를 샀어. 아마 100년 정도 된 복숭아색 베이클라이트 단추가 달린 암사슴 가죽 조끼였어

살이 쪄서 더 이상 입지는 못하지만 그땐 좋아했어

내가 제일 좋아하는 조끼 SOME OF MY FAVES

태터솔 빈티 타탄

태터솔(tattersall): 일정한 간격의 가늘고 고른 줄무늬가 교차해 정사각형을 형성하는 타탄 무늬 스타일의 한 종류다. 일반적으로 밝은 바탕에 어두운 두 가지 색상이 교차한다. 1766년 런던의 태터솔 말 시장에서 이 체크무늬 담요가 처음 등장한 것으로 기록되어 있다.

몇 년동안 금색 단추가 달린
빨간색 플란넬 소재의 조끼를
갖고 싶었어. 이베이에서
검색한걸 저장해 두었다가
결국 이걸 얻었지.

UNIONMADE U.S.A
ACTWU
AMALGAMATED CLOTHING &
TEXTILE WORKERS UNION
988846

뒤쪽 하단 스트랩에
1970년대
유니언 태그가
달려있어

물론 브룩스
브라더스

네이비 블레이저,
회색 플란넬
정장 등 어떤
옷에도 잘
어울릴 것
같아

오래된 옷의
주머니에 물건이
들어있는 걸 좋아해.
마치 추억의 흔적
같아.

주머니 속 내용물

Pocket Contents

1× 리콜라 하드캔디
1× 리콜라 포장지
1× 치실
2× 정체모를 알약

1× 멘토스 또는
다른 큰 민트

SKIVVIES

어린 시절 특히 추운 겨울 날에는 교복 안에 보온성이 뛰어난 롤넥을 입고 다녔어.

나이가 들어가면서 점점 안 입게 되었어. 겨울은 여전히 추웠고 우리집은 기본적으로 난방이 되지 않았지만, 스키비는 사라졌어.

틀림없는 제임스 본드

보통 흰색을 입었어. 제임스 본드인가봐!

지금은 정말 추운 미국 북동부에 살고 있는데, 아내가 이 포근한 옷을 입고 있는 것을 발견했어.

스카프를 꼭 두를 필요는 없어

하지만 두를 수도 있지.

더 따뜻하게 입고 싶다면

체온을 유지해줘

위에 다른 옷을 껴입기에도 좋지

스키비(skivvies): 블라우스, 터틀넥 등 목이 높은 긴팔 상의를 가리킨다.

HOW TO WEAR A BEANIE

나는 비니를 싫어해. 가장 싫어하는 모자라고 할 수 있지. 하지만 추운 날에는 어쩔 수 없기 때문에 이 최악의 모자를 착용하는 방법을 간단히 정리해 봤어.

자크 쿠스토 스타일

손가락 다섯 개 나 여섯 개 너비 정도로 접어올리는 것을 좋아해

꼭 밝은 빨강 이어야 해

항상 귀 위로 올라오도록 착용하지

COLD WEATHER CLASSIC

[추운 날씨 클래식]

나의 최악의 룩이야. 너무 싫어.

방울이 달린 것으로 시도해 보는건 어때?

귀가 덮이도록 착용해

[부시윅 사람]
THE BUSH WICK BRO

부시윅 출신은 아니지만 부시윅 에서 볼수있는

중력을 거스르는 믿기 어려운 높이

항상 칼하트고 보통 주목도 높은 색상이야

THE BONDI BERET

[본다이 베레모]

이 망할 모자를 사용한 이 모든 스타일 중 내가 제일 싫어하는 스타일

2012년쯤 내가 시드니에 살고 있을 때 엄청 인기를 끌었어.

지금은 없어졌길 바라.

자크 쿠스토(Jacques Cousteau): 프랑스 해군 장교이자 해양학자, 영화 제작자, 작가. 자크 쿠스토는 빨간 색 비니를 즐겨 착용했는데 이는 초기 금속 잠수복을 시험하기 위해 바다에 들어가야 했던 18세기 툴롱의 죄수들에 대한 존중을 표현한 것으로 알려져 있다. 자크 쿠스토 이후 빨간 비니는 모험과 탐험을 상징하는 아이콘으로 자리 잡았다.

야물커(yarmulke): 유대인 남성이 공공장소에서 착용하는 두개골 모자. 키파, 야마카, 불캡 등으로도 불린다.

A REGULAR SATURDAY OUT

흰 바지의 규칙이 있지!

WHITE JEANS

예전에 말했듯이 오스트레일리아에서는 흰바지가 적당히 갖춰 입은 느낌이야

하지만 여기 미국에서는 몇몇 이상한 사람들이 노동절 이후나 현충일 전에는 흰색 옷을 입으면 안된다는 '규칙'을 만들었어.

신경 쓰이는 사람들을 위해 베이지 바지를 입는 아주 좋은 방법 몇가지를 알려줄게.

다행히도 나는 그 기념일이 언제인지 모르고 (검색해 보지도 않았고), 그래서 아무 때나 흰 바지를 입지. 모두 그렇게 해봐.

결혼식에 가거나 RSL 클럽에서 점심을 먹는다면 네이비 블레이저를 입어야 해

구이년대 스코틀랜드에 갔다 온 수염 덥수룩한 삼촌에게서 받은 것이면 더 좋아

셔츠는 투톤 깅엄이나 알록달록한 줄무늬가 좋아

가지고 있는 것중 가장 오래되고 깨끗하지 않은 R.M.윌리엄스 크래프트맨을 신어

오스트레일리아 출신 젠트리 느낌 (모자는 차에 있어)

버킷햇을 챙겨

아니면 하나만 너무 오래 써서 거의 수명이 다한 낡은 파나마.

흰바지는 폴로와 함께 입는 것이 가장 간단하고 최고야. 제발 폴로는 밝은색으로 입어.

구입한 흰바지

세일즈룸 7미 12번가

풀 스트레이트 컷이고 하이 라이즈

반투명한 렌즈의 빈티지 안경

모든 종류의 해링턴이 함께 걸치기에 좋아. 하지만 나는 베이지와 크림색을 선호해.

폴로를 바지에 집어넣고 가능하면 벨트는 하지마.

피시테일 파카도 같이 입기 좋아. 제 정신이라면 안감은 떼고 입어.

로퍼는 항상 흰양말과 신어. 또는 물집이 잡히는 게 괜찮다면 양말 없이 신어도 돼. 아마 끔찍할 걸.

여행 갈 때 챙기는
짐을 기록하는 걸 좋아해.
내 여행이 어떨지
가늠해 보는 좋은
방법이거든.

3NIGHTS 4DAYS

이번 주에 결혼식에
참석하러 뉴올리언스에
가야 하는데 이렇게
챙겨 가려고 생각 중이야.

결혼식이 있고 (이땐 검정색 타이를 매고)
이후에는 칵테일 파티가 있고 (이땐 아마도
스포츠 코트?) 그 이후에는 뉴올리언스 가면
하는 일들을 하겠지. 거대한 샌드위치를 먹는
다거나 길가에서 스티로폼 컵에 담긴 음료를
마신다거나.

스웨터. 뉴올리언스는
날씨가 쌀쌀해질 때 입을 수 있음 (특히 밤에)

프레피 스웨터. 어깨에 걸을 수도 있겠지.

아우터 셔츠. 너무 더우면 안 입어도 되고.

셔츠 세벌. 밤에 그냥 입어도 좋은.

211

내 턱시도가 조금 줄었을지도 모르겠어.

하지만 몇주전에 입어봤을때 너무 끼지는 안았는데 이번에도 그래야 할텐데.

검정색 타이는 챙겨가기 쉬워. 항상 같은 거니까. 다만 공간을 많이 차지하는 것에 비해 본 행사를 제외하고는 입을 일이 없지.

검정색 타이가 들어가는 옷차림에 착용해. 이런 짧은 여행 에서는 검정 옥스퍼드 보다 더 잘 신게 되더라고

흰바지

광은 빼지 않았어.

가장 오래 신는 R.M. 윌리엄스 부츠.

최근들어 맨스웨어의 세계에서 가장 인기없는 색상에 점점 더 관심이 생기고 있어

바로 이거야

THE OTHER COLOURS

나이든 프랑스 사람과 그들에게 영향 받았을 나이든 뉴요커에게 영향을 받았어

13번째 [13구] ARRON DISSE MENT

아마 나보다 오래된 재킷

골이 넓은 플켓 보라색 코듀로이. 맞춤 아니면 주문제작.

재킷만으로는 춥겠지만 스카프면 될거야. '그냥 그렇게' 두르는 거지.

검정색 윙팁.

WINDSOR TERRACE [윈저 테라스]

그의 딸이 '가고 싶어하는' 대학교의 모자

피곤한 상태

아마 분명히 폴스튜어트 에서 구입했을 20년도 더 된 좋은 캐시미어 크루넥

심부름 다녀오는 길

오래된 리바이스

뉴 발란스

윙팁(wingtip): 발가락 캡이 뒤로 뻗어 있고 측면이 구부러져 날개 모양을 닮은 신발을 가리킨다.

어두운 색조의
랄프로렌 피케 면 폴로

이 모든 물건을 좋아해.
내가 갖고 있는 것, 가졌던 것.
갖고 싶은 것들이야.

긴
스카프

좋은 리플 캐시미어

9이년대
랄프로렌
플란넬

컨버스
올스타

램스울
브이넥

캐시미어 터틀넥

오버사이즈

푸마
클라이드

스웨이드
&
컨버스

브러시드 면 또는
몰스킨. 너무 짧거나
스키니하지
않은.

흔하지 않은 벵갈 스트라이프
포플린 브룩스 브라더스 셔츠

벵갈 스트라이프(Bengal stripe): 인도 벵골에서 유래한 균일한
간격의 평행한 줄무늬를 말한다. 19세기 벵골에 주둔했던 영국
장교들이 즐겨 입었으며 이후 패션 아이템으로 자리 잡았다.
줄무늬 폭은 1/4인치 정도로 캔디 스트라이프보다는 넓지만 어닝
스트라이프보다는 좁은 편이다. 셔츠 등의 옷뿐 아니라 벽지
등 실내장식에도 폭넓게 사용된다. 리젠시 스트라이프, 타이거
스트라이프라고도 불린다.

UNCOVERING INSPIRATION

GODARD
LE PETIT SOLDAT
LE MEPRIS
VIVRE SA VIE

클래식 필름은 당연히 좋은 영감의 원천 이지.

그런데 이 어르신들을 좀 봐

우와

그리고 거기서 멈추지 말고, 건축물과 공공 공간에서 텍스처가 어떻게 조화롭게 어울리는지를 생각하고 실루엣을 관찰해 봐. 계절을 생각해보는 것도 좋아.

잠시 후

당신 옷차림 멋지네요.

고마워요. 마크 로스코의 「No. 2」에서 영감을 받았어요.

아, 그래요?

THINKING ABOUT PACKING

몇 년 만에 만화 컨벤션을 가게 되었어

TCAF에서 만나!

아내의 파리와 런던 출장이 끝날 즈음과 시기가 맞물려 있어.

이미 해외에 나가 있는 김에, 아내를 만나서 같이 시간을 보내야겠다고 생각했어.

이제 세 도시에서 뭘 입어야 할지 고민 중이야

TCAF: 토론토 코믹 아트 페스티벌의 줄임말이다. 2003년에 시작되었다.

NSW 블루스캡 모자

네이비 베레모

버킷햇

나는 모자를 정말 좋아해서 항상 너무 많은 모자를 가지고 여행하는 편이야

토론토
TORONTO

22°C 15°C 토론토에는 3일 동안 있을거야. 토론토 코믹아트 페스티벌에 가서 책을 팔고 사람들을 만날 예정이야. '캐릭터'에 맞추고 싶어서 아마 내내 정장과 넥타이를 입을 것 같아.

오래된 면 양복. 여행할 때 가지고 다니면서 편하게 입기 좋아

다른 색상의 셔츠도 챙겨

분홍색 옥스퍼드

마드라스

네이비색

이틀동안 페니로퍼를 신을 예정이지만 신발이 젖거나 무슨 일이 생길 것에 대비해서 스니커즈도 가져가려고 해

반스 어센틱

같은 정장을 이틀 연속 입어서 짐을 줄이려고 해

다음화에 이어집니다!

THINKING ABOUT PACKING CONTINUED…

지난 시간에는 TCAF에서 무엇을 입을 계획인지 이야기했어.

다음 만화는 런던과 파리에서의 여행에 대해 다룰거라고 약속했지.

하지만 삶이 항상 그렇듯이 예기치 못한 일이 생겨 여행 계획이 취소되었어.

그래서 이번 주 만화는 모두 토론토에 관한 거야!

결국 캐리어 대신 더플백으로 바꿔서 챙겼어

세 시간 밖에 못잔 사람의 눈

무드라스 셔츠와 베이지 면 재킷

어깨에 멘 무슨 물건이야 셔츠

택시에서 비서껀지 혹은 영수증을 주는

턴을 개버딘 바지

여행을 위해 이베이에서 구입한 새 (데드스톡) 바스 위준

저렴하고 멋져

DAY 1 TCAF
[TCAF 첫날]

이날은 쾌적한 쌀쌀한 날씨였고, 새로 챙겨온 올리브색 정장이 조금 더 따뜻해서 그걸 입었어. 그 안에는 파란색 옥스퍼드 셔츠 (내 목이 너무 두꺼웠기 때문에 단추를 풀고)와 렙타이를 매치해서 내 우상인 재 레먼 같은 스타일을 완성했어. 코도반 블루처로 마무리를 했고, 만화 컨벤션 뒤에는 베레모와 선글라스를 착용해 의상에 변화를 주었어.

둘째 날에는 무엇을 입을지 (그리고 아마도 약간의 숙취때문에) 조금 골치가 아팠어. 하지만 사실 선택지가 없었지. 분홍색 옥스퍼드 셔츠와 초록색 렙타이, 면 재킷, 개버딘 바지를 입고 옥스블러드색 블루처를 신었는데 내 엄지 발가락에 물집이 잡히고 말았어.

DAY 2 TCAF
[TCAF 둘째 날]

집에 오는 비행기에는 흰바지와 네이비 셔츠, 페니로퍼, 면 재킷을 또 입었어. 비행기에서는 재킷을 입어야해. 큰 주머니가 정말 유용하거든.

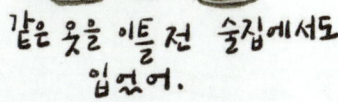

저 창문에 있는 이기팝을 닮은 남자는 왜 칼라와 보타이만 하고 스프레드 시트를 작성하고 있을까?

Liquid Death

같은 옷을 이틀 전 술집에서도 입었어.

컨벤션에서 그 무거운 금속 캔에 든 물을 나눠 줬는데, 솔직히 캔에 든 물은 별로야.

안녀어어어어어어어어엉

Beach Week

안녕 독자여러분!

이번주에 나는 해변에 있는데, 미터법을 사용하고 차를 마시는 사람들로부터의 독립을 기념하고, '블루 라이브스 매터' 티셔츠를 입은 소년들이 합법적으로 구입한 중국산 불꽃놀이와 폭죽을 가지고 노는 모습을 구경하려고 해.

어쨌거나, 매일 반바지를 입고 신발을 신지 않는다는 뜻이지. 내가 제일 좋아하는 반바지 세벌을 챙겼어.

코듀로이에 멋진 색상. 짧지만 솔직히 더 짧으면 좋겠다.

내가 싫어하는 멍청한 새 라벨

POLO
RALPH LAUREN

CLASSIC FIT

겨울에 우드버리 커먼스 아울렛에서 새 것을 구입했어. 이 제품은 할인이 안되는 걸 몰라서 정가를 다 주고 샀어. 이렇게 살면서 배우는 거지.

바느질로 수선했던 포켓고

블루 라이브스 매터(Blue Lives Matter): 미국의 친경찰 운동으로, 법 집행기관과 응급 서비스 요원들에 대한 지지를 표명하는 것을 목표로 한다. 2014년 뉴욕 브루클린에서 발생한 두 명의 뉴욕 경찰관 살해 사건과 '블랙 라이브스 매터'(Black Lives Matter) 운동에 대한 대응으로 시작되었다.

"미터법을 사용하고 차를 마시는 사람들": 영국인을 뜻한다.

내가 제일 좋아하는 1980년대 폴로.
예전 화에서 이 바지를 이베이에서
구입한 뒤 직접 밑단을 만든 일을
이야기 했어.

Polo
by Ralph Lauren
MADE IN USA

멋지고
섹시한
옛날 로고

AUTHENTIC DRY GOODS
POLO CHINOS
EST. X 1906
RALPH LAUREN
REGUS PATENT OFFICE

뒷 주머니에
이 태그가 달려있어

페인트 얼룩이 더 생겼어

여름 내내 거의 매일 이 바지를
입어.

적당한 길이지만 너무 큰 사이즈. 허리끈을 조일수 밖에.

SandBridge
USA

지금 내가 제일 좋아하는
편한 바지

가볍고 빨리 마르지!

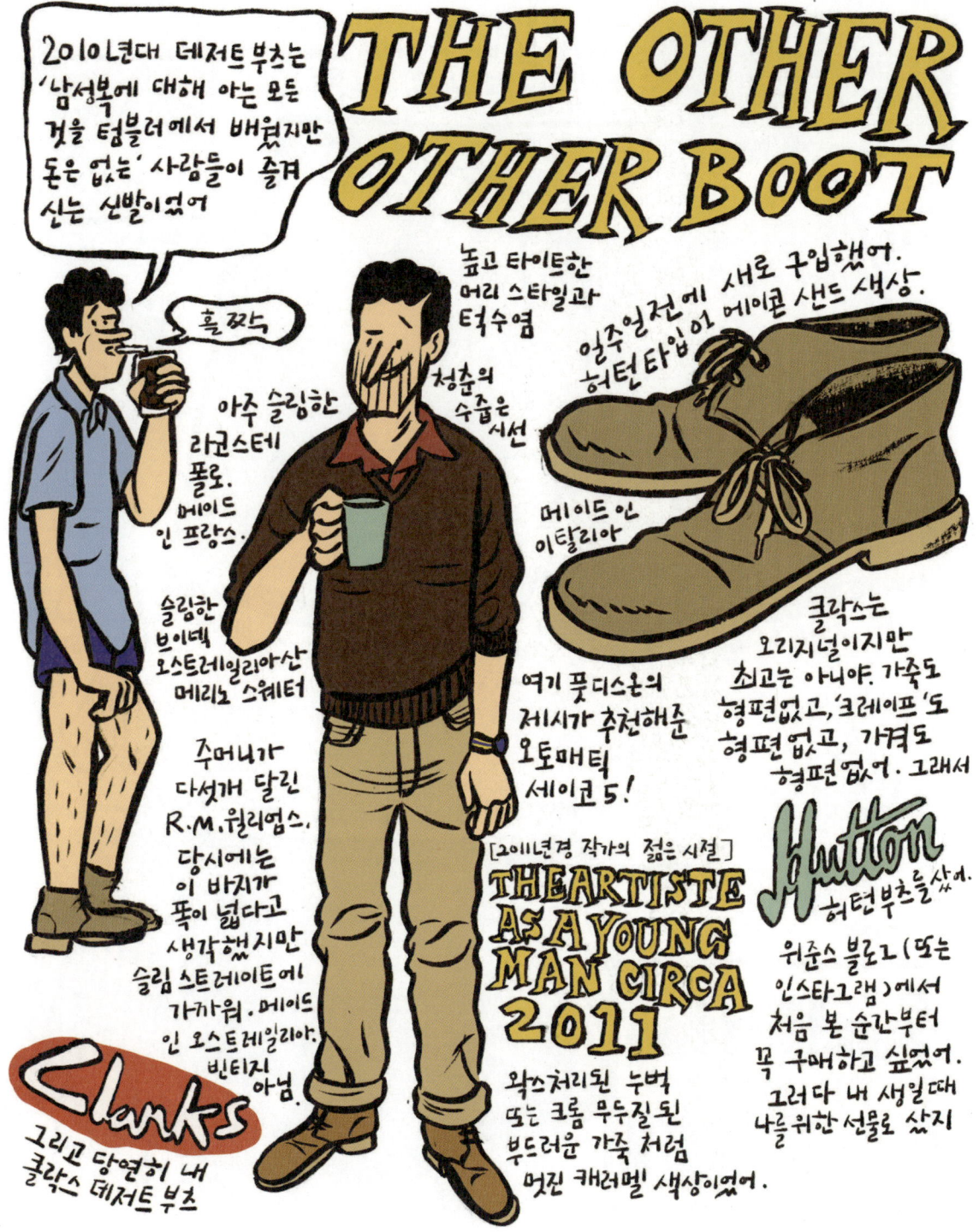

누벅(nubuck): 샌딩 혹은 버핑 처리해 벨벳과 같은 표면을 만든 최고급 가죽이다. 흰색 혹은 미색이 많다.

THE GREAT OUTDOORS

여름을 누구보다 싫어하지만 (단연 최악의 계절) 밖에 있는 것은 정말 좋아해! 밖을 좋아하지 않는 사람이 어디 있겠어. 내 동료인 만화가 라이언 세실이 멋진 '캠핑 행각' (여기저기 퍼뜨려 줘) 사진을 올린 이후부터 나도 바깥에서 자는 것과 시트로넬라 양초의 향을 꿈꿔 왔어. 이건 내가 임을 뭔가 캠스터 스러운 옷들 이야.

빈티지 M65 재킷

밤에 입기 좋은 주머니가 많은 외투

러비 셔츠는 최고의 캠핑셔츠야

'만일의 경우를 대비해서' 오래된 청바지도 챙기겠지.

에나멜 머그는 필수지

여름이니까 반바지는 짧아야지. 파타고니아 배기스가 좋아

클래식 스위스 아미 나이프

1960년대 베트남 전쟁 때 스타일을 재현한 MWC 시계. 스트랩은 나일론이어야 해.

담요롤. 울이고 까슬까슬한 플래드로.

손잡이를 이렇게 옹이에 걸쳐서 균형을 잡아

이쪽에는 발이나 돌을 올려

멋진 두툼한 울 부츠 양말

앞은 '인디' 부츠. '레그드 스타일의 필수품' 이어서 신어 줘야지.

물을 데우는 데 화려한 장비는 필요없어. 그저 막대기에 오래된 주전자를 사용해.

RE-ACCLIMATION

밤새 최고급 펍에서 몰롱 맥파이 팀과 함께 술을 마신 남자의 잘난 룩.

분명 우리 아빠가 입었던 브랜드 King Gee 킹지

뉴사우스웨일스 주의 몰롱에 있는 내 삼촌의 가게에서 산 새 모자.

뉴욕에서 여름에 자전거를 타느라 탄 피부

내 다른 삼촌에게 낡은 워크 셔츠를 하나 받을 수 있을지 물어봤어.

그러자 이 셔츠를 줬어. 마음에 들어.

로빗 트위드와 오래된 OCBD

파파 드라이버 때문에 누더기 주머니

덩굴머리 럭비 캐시미어

이건 진짜 워크웨어야. 팝오버에 무거운 코튼 드릴.

빨간색도 있는데 둘 다 내가 정말 좋아해.

보통 가죽이 아닌 밑창을 선호하지 않아.

OIL-RESISTANT SOLE

나를 닮은 가방. 나아가 맏고 과체중이야.

캐러멜색 코듀로이

새 R.M. 윌리엄스 신발을 안 산지 아마 10년은 된거 같아. 더 밝은 새의 스웨이드를 원했는데, 이 당밸색 장인들이 바로 나를 사로 잡았어.

하지만 이 방유처리된 밑창은 정말 좋아!

몰롱 맥파이 럭비 클럽(Molong Magpies Rugby Club):
오스트레일리아 뉴사우스웨일스주의 몰롱 마을을 기반으로 한 지역 럭비 팀이다.

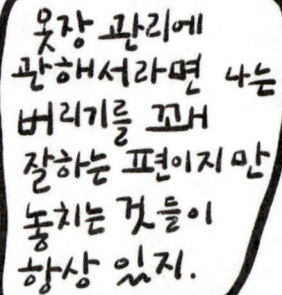

YEAH, I'M KEEPING THAT

SPX: 스몰 프레스 엑스포(Small Press Expo)의 약자. 1994년 시작된 대안 만화 행사다. 매년 가을 메릴랜드주 베데스다에서 열린다.

피비
브리저스랑
닮은

당연히
닥터마틴이지

정말 많은
가슴털

2020년부터
많은 남자애들이
모자와
마스크를
쓰고다녀

벤트(vent): 양복 재킷 뒷면에 있는 트임을 의미한다. 착용자의
움직임과 편안함을 위해 설계된 디테일로, 벤트의 디자인은
활동성과 스타일에 영향을 미친다. 트임이 가운데 하나 있으면
싱글 벤트, 양쪽에 두 개 있으면 더블 벤트라고 하는데, 더블 벤트는
이탈리아식 또는 영국식 재킷에서 흔히 볼 수 있다.

코스탄자 재킷(Costanza jacket): TV쇼 「사인펠드」의 등장인물 조지 코스탄자가 착용한 스타일의 재킷을 말한다.

서싱글 벨트(surcingle belt): 가죽으로 만든 끝단과 금속 버클이 있는 캐주얼 벨트. 프레피 하위 문화의 주요한 요소이자 아이비 스타일의 필수품이었다. 서싱글이라는 용어는 말을 훈련시키는 데 사용되는 두꺼운 양모 끈에서 유래했다.

반 코트(barn coat): 박시한 핏과 여러 개의 포켓, 견고한 방수 디자인이 특징인 야외 작업용 재킷이다. 19세기 프랑스에서 농부와 노동자들이 입기 시작했으며 트윌이나 몰스킨처럼 튼튼하고 비바람에 강한 소재로 만들어진다. 칼라엔 코듀로이가 자주 쓰인다. 프라다, 보테가 베네타, 펜디 등의 브랜드 컬렉션에 등장하면서 패션 아이템으로 자리 잡았다.

바버(Barbour): 1894년 존 바버가 설립한 의류 브랜드다. 지역의 선원, 어부, 부두 노동자들을 위한 보호용 겉옷을 만드는 것으로 사업을 시작했으며 현재는 아웃도어와 컨트리 라이딩의 필수품으로 자리 잡았다.

THANKSGIVING PACK

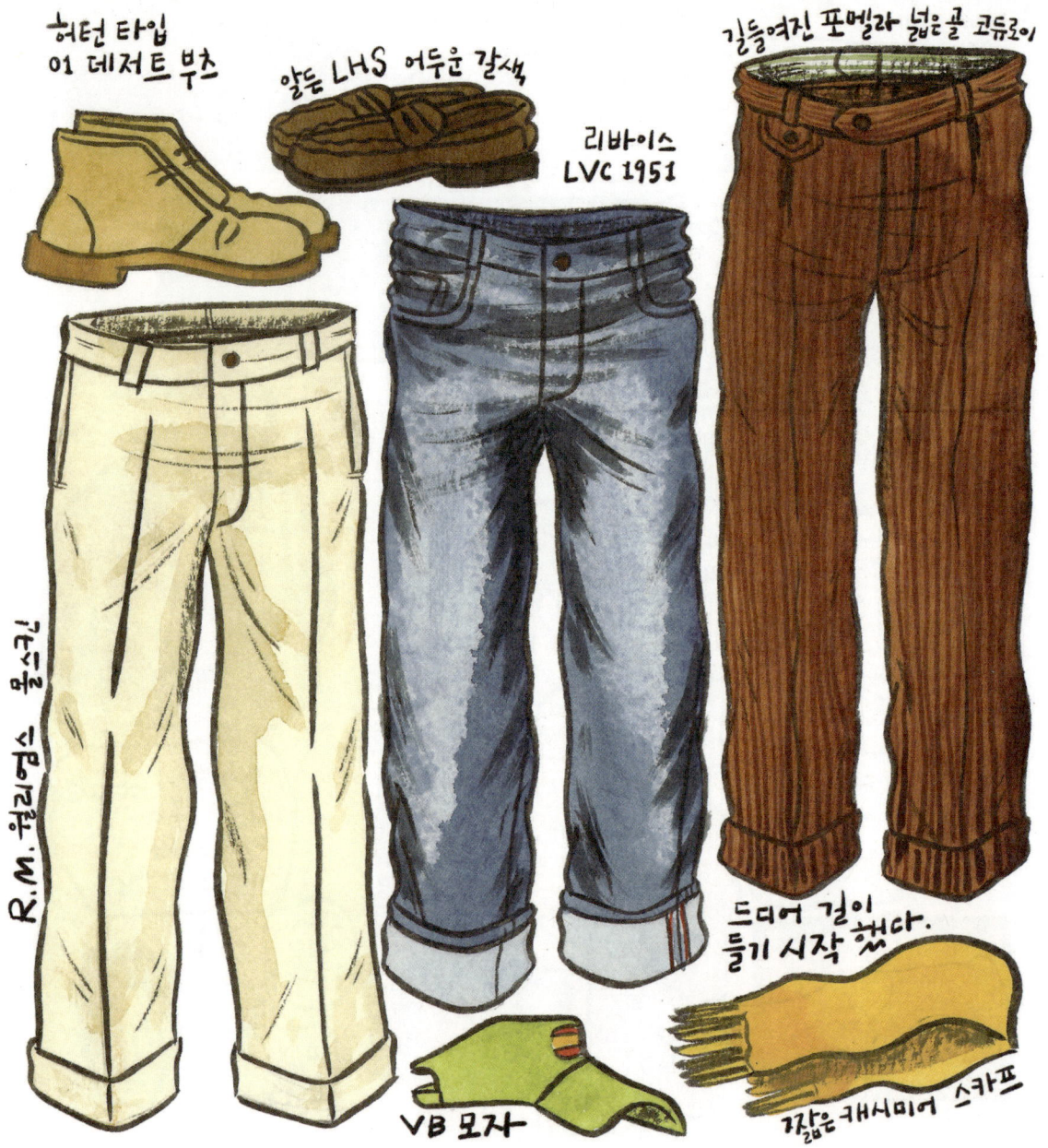

허턴 타입
이 데저트 부츠

알든 LHS 어두운 갈색

길들여진 포멜라 넓은골 코듀로이

리바이스
LVC 1951

R.M. 간드릴 심다드릴

드디어 길이
들기 시작 했다.

VB 모자

갈은 캐시미어 스카프

1980년대 브룩스브라더스 넓은 골 코듀로이

가주단추!

가장 밝은 빨간색 제이 프레스 섀기독 셰틀랜드

울로 만든 더플

좁은 칼라 롤의 '세리바기' 워크셔츠

브룩스 셔츠 모음.

섀기독(Shaggy Dog): 제이프레스에서 출시하는 울이나 캐시미어 소재의 캐주얼한 스웨터이다. 이름은 '털이 긴 개'를 뜻하는데, 그만큼 따뜻하고 부드러운 느낌을 강조한 디자인에서 유래했다. 일반적으로 둥글고 넉넉한 실루엣을 가지며, 20세기 중반의 미국 클래식 남성복에서 인기를 끌었다.

SUBWAY SIGHTING

자이언츠 버킷햇. 갖고 싶어.

기술자 선글라스.

펩시와 잘 어울리는.

큰 후디 위에 입은 큰 저지

보온 상의 위에 입은 큰 저지

모자 위에 걸친 선글라스. 고전적이지.

스포츠 섹션을 읽고 있어

몸집에 비해 작은 청바지.

PEOPLE AT THE GIANTS GAME LAST WEEK

고듀로이 모자. 자이언츠 공식 굿즈.

아내가 내 스타터를 가져가서 브이넥에 조끼를 입고 있어.

작가 본인

자이언츠 색이긴 하지만 자이언츠 옷은 아니야. 더 구비해야 겠어...

5달러 짜리 하이 라이프 맥주. 말도 안 되는 가격.

오래된 리바이스

내 꿈의 머리 스타일. 햇빛 때문에 찡그리고 있어.

빨간색 면 스키비 위에 입은 80년대 팝오버 (새 제품)

별로인 청바지지만 저어도 꽉 끼진 않아.

GIANTS

스타터(Starter): 재킷, 후디, 셔츠 등을 전문으로 하는 미국의 스포츠웨어 브랜드다. 1971년 코네티컷주 뉴헤이븐에서 데이비드 L. 베커먼이 설립했다. MLB, NBA, NFL, NHL 등 주요 프로 리그와 파트너십을 맺고 있다.

보트 슈즈(boat shoes): 원래 보트나 요트를 탈 때 착용하도록 디자인된 신발로, 미끄럼 방지 및 방수 기능이 있다. 전통적으로 가죽으로 제작되며, 발목 부분에 아일릿이 일정한 간격으로 부착되고 그 사이로 가죽 스트랩이 끼워진다.

피코트(peacoat): 해군에서 착용하던 울 소재로 만든 더블브레스트 형태의 코트다. 굵은 버튼과 두꺼운 깃이 달려 있고, 해양 환경에 적합하도록 바람을 막을 수 있게 디자인되었다.

THINGS I DONT LIKE

크루넥 티셔츠를 매끈한 스포츠재킷이나 정장 재킷 아래에 입는 것

'고급스러운' 하얀색 스니커즈 - 특히 정장과 함께 신은.

차라리 저렴하고 클래식한 방향으로 가는게 좋을것 같아.

또는 빈티지나 밀리터리룩으로.

정장 구두 가격인 스니커즈를 제외 한 무엇이든 좋아.

정말 흔하게 볼수있지

본인이 이십대에 빠졌던 서브컬쳐를 놓지 안능는 남자들.

앨리스 쿠퍼도 소화하지 못한 스타일인데 누가 할수 있겠어.

사흘치 수염을 남겨 놓는것.

아예 면도를 하든가 하지 말든가 해

무심한 것처럼 보이려고 너무 열심히 노력하는 것 같아.

딱 붙는 바지를 입은 나이든 남자들.

메이시의
판매원이
잘못한거야.

당신이 찾는
멋스러운 느낌이
아니야

짧은
밑위 위로
배가 걸쳐져
있어.

가득찬
주머니

삐걱거리는
무릎

항상
너무 껴어

「트레인스포팅」의 이완 맥그리거 만큼
마른게 아닌 사람이
슬림한 셔츠를
입는 것.

둘중 선택해

안 멋져. 「러브 아일랜드」의 참가자 같아
보여.

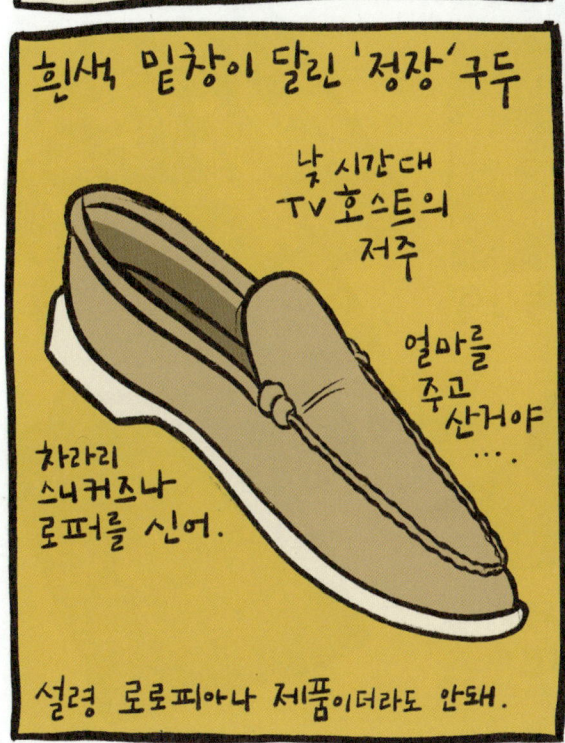

흰색 밑창이 달린 '정장' 구두

낮 시간대
TV 호스트의
저주

얼마를
주고
산거야
….

차라리
스니커즈나
로퍼를 신어.

설령 로로피아나 제품이더라도 안돼.

다른 사람들이 입은 옷에 대해 불평하는
사람들

정말 거슬려

누가
아직도 그런
신발을 신어

누가 바에서
스웨트팬츠를
입어.

만일을
대비한
반스

트렌치 코트가
짱이야

코듀로이
스포츠 코트,
다른 옷과 함께
입기 좋아.

오래된
빨간색
캐시미어 스웨터.

검정색 태슬 로퍼와
고무 밑창 페블 그레인
블루처

SPRING TIME IS FINE

가장 오래되고
낡은 나토 스트랩을
여기에 달았어.

2mm가
작아서
무심한 멋진
느낌을 줘.

이제는
꽤 좋아
하지.

원래 내가 싫어하던
편이었어.

이건 쇼백에서
무료로 받았어.
원래는 검은색 인조
도마뱀 가죽 스트랩
이었는데 나랑 잘
안어울렸어.

$150
브레다 버질

베트남 전쟁 시기에 생산된 플라스틱 제품
중 가장 멋진 군용시계중 하나야. 원본은
오래 사용할 수 있도록 설계되지
않았고, 이 복제본은 원본을 따라 만들었어.

그렇게 좋지 않은 품질의
플라스틱이고, 그것과 거의
비슷한 올리브색 나토 스트랩이 달려있어

정말 좋은 가격에
살수 있는 멋진 시계야.

$52.50
MWC 클래식 1960

쇼백(showbag): 판촉물과 사은품, 구매 가능한 상품 등으로 채워진
가방을 뜻한다. 오스트레일리아의 박람회, 전시회, 축제, 기금 모금
행사 등에서 흔히 볼 수 있다.

메츠
모자

라코스테
골프 재킷

폴로
폴로

낡은 폴로
반바지

5월 8일

나이키 러너스의
귀환

오코넬
OCBD

드디어
길들여진
리바이스
LVC 501

오스트레일리아산
어그 부츠

5월 9일

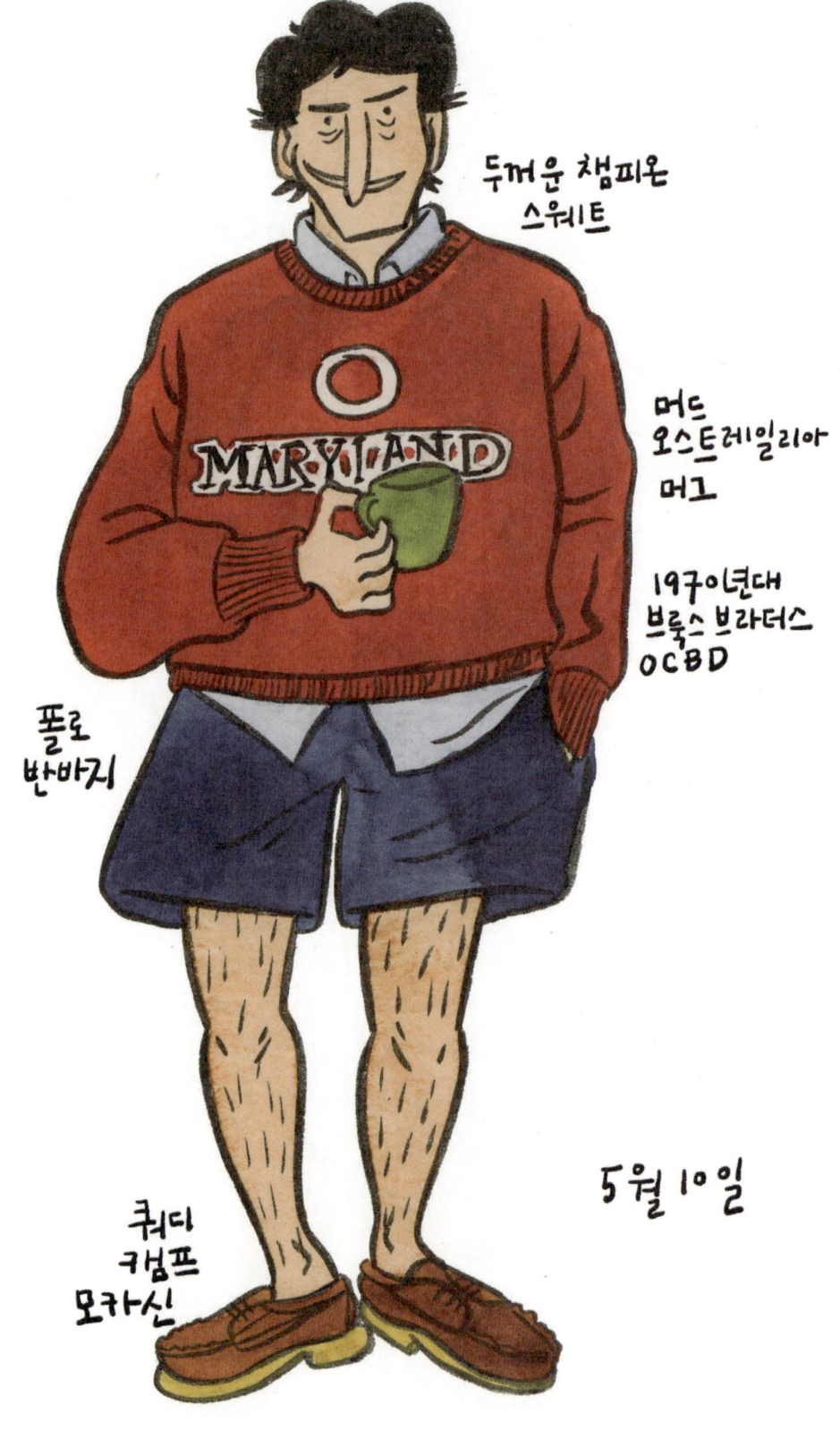

두꺼운 챔피온
스웨트

머드
오스트레일리아
머그

1970년대
브룩스 브라더스
OCBD

폴로
반바지

쿼디
캠프
모카신

5월 10일

지난 화에 나온
올리버 피플스

라코스테 폴로

코치
벨트

삼촌에게
물려 받은 폴로
랄프 로렌
면 스포츠 코트

낸터킷에서 온
낸터킷 레드
(머리스)

5월 11일

아나토미카
CVO

낸터킷 레드(Nantucket Reds): 낸터킷섬에서 유래한 레드 컬러의
버뮤다 쇼츠나 치노 바지를 의미한다. 주로 면으로 만들고 시간이
지나면서 자연스럽게 색이 바래는데, 특유의 빛바랜 빨강이
주요 특징이다. 낸터킷섬의 머리스 토거리 숍(Murray's Toggery
Shop)에서 생산되고 대중에게 유통되었다.

이번 주 주말에 친구 결혼식이 있어. 지금은 늦봄이고 아직 그렇게 덥지 않아…. 사실 꽤 온화해…. 짐을 챙기기 꽤 까다로운 날씨지.

WEDDING UPSTATE

우리는 목요일에 떠나서 일요일에 돌아오니까 충분한 셔츠만 있으면 대체로 해결돼.

허턴 데저트 부츠

와쿠와 CVO

면 카키

1990년대 리바이스 505

정장을 위한 흰 셔츠

네이비

어두운 플래드

지금은 어둡고 진한 색상을 좋아해

그리고 반바지 몇 벌

캐주얼하게 입을 폴로 두 벌

소모사로 된
울 건체크
스포츠코트

너무 얇지 않은,
지금 시기에 입기
좋은 두께

검정색
니트 타이도
챙겼어.
당일에
선택할
거야.

소매의
올 풀림

렙 타이

내가 챙긴 모든 셔츠와 잘 어울릴거야

어디 갈때 난 항상 아침에
일어난 뒤부터 샤워하기
전까지 입을 옷을
챙기는 걸
깜빡해

하지만 이번엔
잊지 않았지

낡은 티셔츠
낡은 스웨트 셔츠
반바지

모자도
챙겼어!

빈티지 닳은 반바지는 관절판다는 정주

다소 짧은
밑단

알든 캡토

소모사(worsted yarn): 울은 주로 소모사 또는 방모사로 제작된다.
소모사는 비교적 길이가 긴 원모로 제작된 실로, 이렇게 직조된
양모는 더 균질하고 튼튼하며 보풀이 적어 고급 직물로 취급된다.
방모사는 길이가 짧은 원모로 제작된 실로, 굵기가 균일하지 않고
거칠지만 보온성이 좋다.

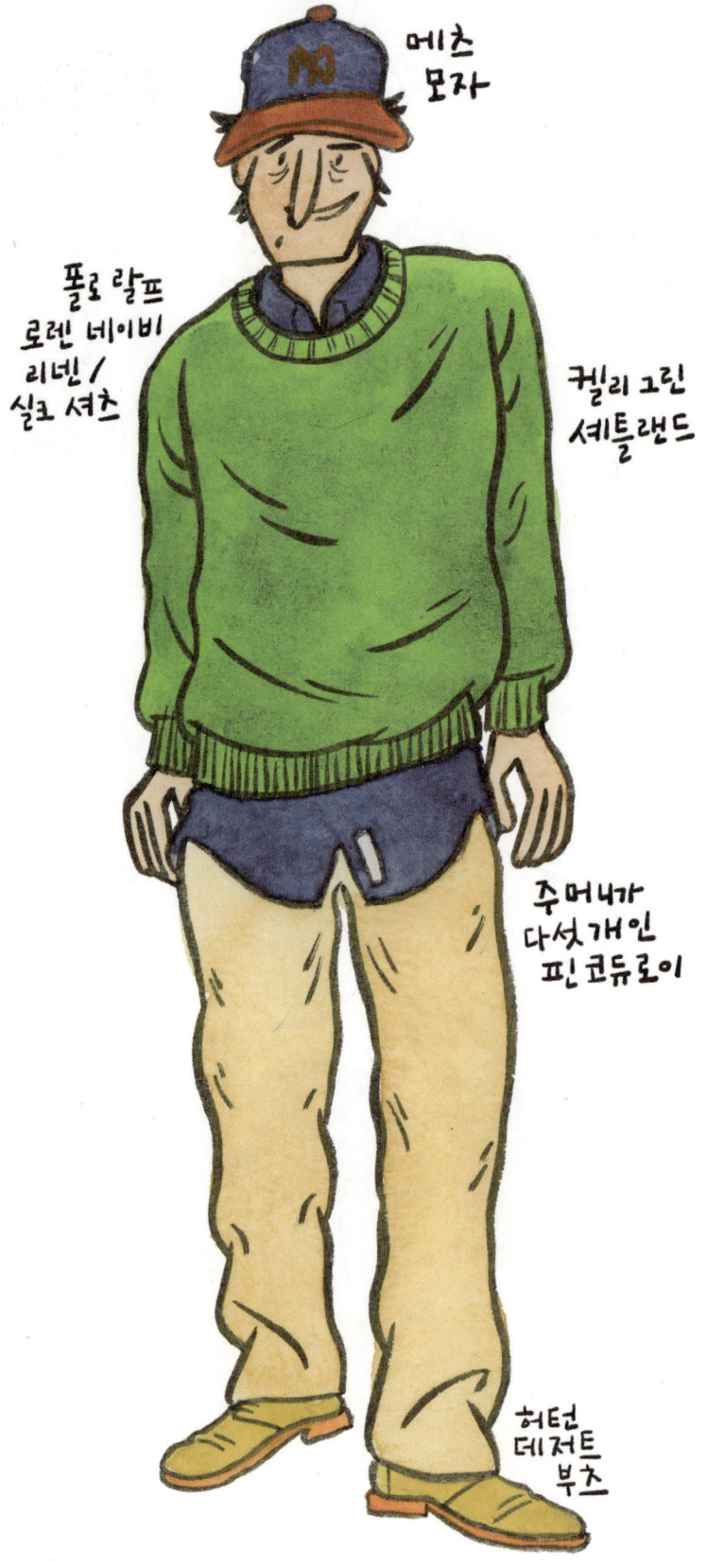

메츠
모자

폴로 랄프
로렌 네이비
리넨 /
실크 셔츠

켈리 그린
셰틀랜드

주머니가
다섯개인
핀 코듀로이

허턴
데저트
부츠

메츠
모자

초록색
티셔츠

바지에
넣지 않은
데님 셔츠

LVC
리바이스
5이

R.M. 윌리엄스
크래프트 맨

래비토스
모자

L.L.빈
고든 타탄
셔츠

카이드의
면 정장
재킷

낡은
리바이스
505

아나토미카
와쿠와

카이드(Caid): 일본의 맞춤형 테일러 브랜드로, 빈티지 미국
스타일의 남성복을 전문으로 한다. 1930–1960년대의 클래식
아메리칸 스타일에서 영감을 받아, 당시의 디테일과 실루엣을
현대적으로 재해석한 정교한 슈트를 제작한다.

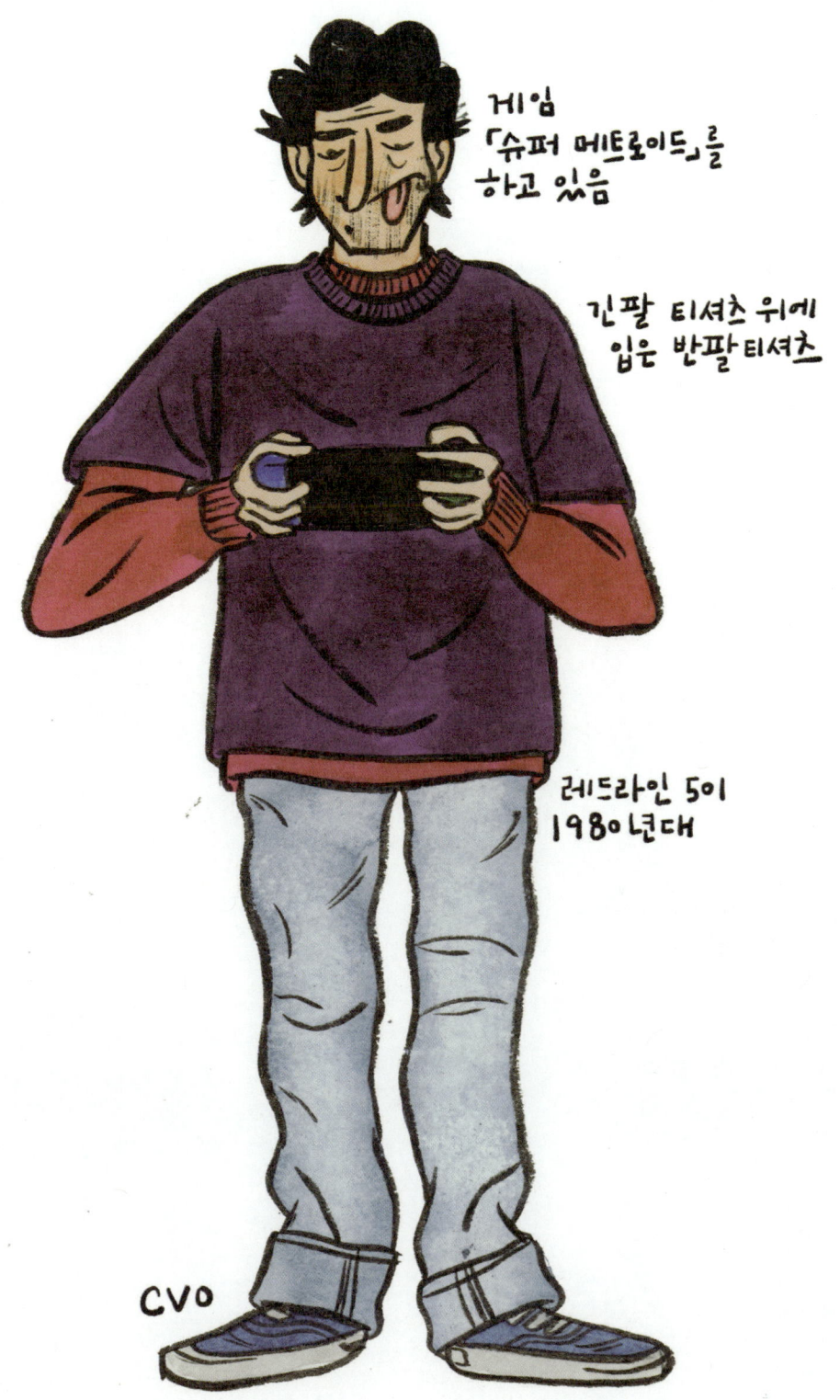

게임
「슈퍼 메트로이드」를
하고 있음

긴팔 티셔츠 위에
입은 반팔 티셔츠

레드라인 5이
1980년대

CVO

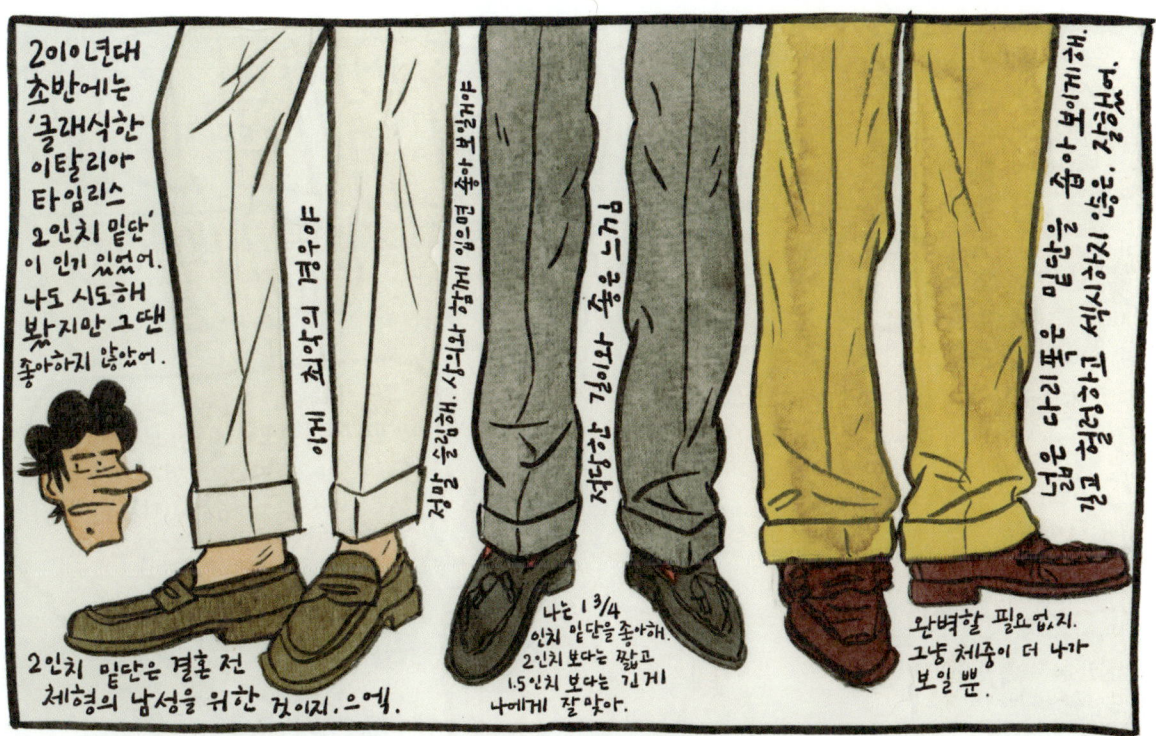

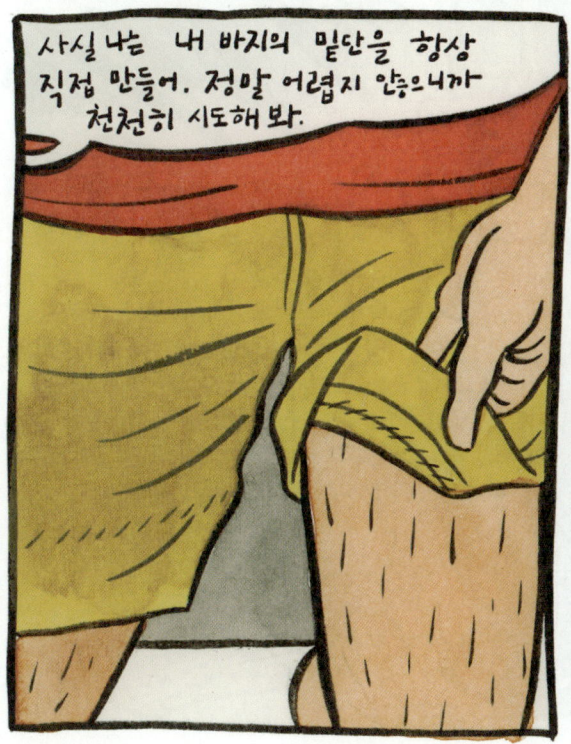

블레이크 컷(blake cut): 슬림 컷이나 애슬레저 컷에 비해 더 풍성하고 여유로운 모양의 의류를 말한다. 랄프 로렌 블레이크 셔츠, 카르마 코마 블레이크 롱 드레스, 에디트 로 블레이크 하프 집, MVE 부티크 블레이크 탑 등이 유명한 블레이크 컷의 사례다.

프랑구(frango): 포르투갈어로 닭고기를 뜻한다.

빈티지 제품을 찾는게 제일 쉬워

정말 짧은게 최고야

게다가 기본적으로는 타이 패브릭이지만 울이 섞인 것이 좋아

SILK SCARVES
[실크 스카프]

코듀로이는 가을과 겨울의 왕이야.

보통 바지를 입지만 코듀로이 재킷과 정장도 있어

최근에는 색상과 골크기가 다른 재킷과 바지를 섞어 입는 걸 좋아해

술집에서 '지적으로' 보이기 위해.

[코듀로이]

CORDUROY

트렌치코트가 왕이야

모든 종류를 좋아해

싱글, 더블, 안감 있는, 왁스 칠을 한.

너무 짧거나 꽉 끼지 않는지만 확인하면 돼

'로맨틱한' 느낌과 '새로운 메탈 음악을 많이 듣는' 느낌 사이 어딘가.

매우 쉽게 착용할수 있는 아이템

아침 7시에 스웨트 셔츠 위에 걸치고 베이글을 먹으러 달려 가는 모습도 (초대받은 적도 없고 가지도 않을) 멧갈라에서 입는 모습 만큼 멋져.

[트렌치코트]

TRENCHCOATS

드디어 두꺼운 옷들을 입을 수 있어!

2022년 브리티시 해킹 트위드는 이런 날씨에 딱이야

TWEED SUITS AND JACKETS
[트위드 정장과 재킷]

브리티시 해킹 트위드(British hacking tweed): 영국에서 유래한 승마용 트위드 재킷이다. 긴 길이와 뒷면의 통풍구, 비스듬한 주머니, 가슴 중앙의 라펠이 특징적이다. 이 재킷의 우아한 실루엣은 현대 슈트 스타일에 큰 영향을 미쳤다.

EXCESSIVE, INORDINATE, SURPLUS

딜 슬레드(Deal Sleds): 월스트리트의 금융가들이 자주 신는 구찌 로퍼의 별명이다. 딜 슬레드를 신는다는 건 지위와 자신감을 표현하는 한 방식으로 알려져 있다. 가장 대표적인 딜 슬레드는 구찌의 호스빗 로퍼지만 구찌 조단, 페라가모 간치니 로퍼, 구찌 브릭스턴 등 또한 딜 슬레드로 통하는 대표적 신발이다.

아무 정보가 없는 야구모자.
아마도 공짜로 받은것.

지퍼를 끝까지 올린
면 소재의 G9
스타일 골프재킷

아내 것으로
추정되는
1970년대의 큰 선글라스

뉴욕공립 도서관
브라이언트 공원
지점에서
봤어

파워 도넛과
수염조합. 이렇게
하면 되는데, 왜
겁쟁이 같은 젊은
남성들은 다들
머리 숱이 적어지기
시작하자마자
머리를 밀어
버릴까.

나무로 만든
지팡이.
걷기 위해서
필요해

정교한 손수레.
어퍼 웨스트 사이드에
있는 자바스 바로
밖에서 봤으니 가득
차 있을거야.

정형외과용
신발

더블브레스트
트렌치코트.
버버리라고
생각했는데
실제로는
런던포그
같아

풀어헤친
벨트.
무심한
느낌.

작은 베레모와
곱슬거리는 머리.
컬럼비아 대학교
근처에서 봤어.
강사인것 같아.

재킷 안에
스카프를 넣어 입음.
파리에 다녀온 적
있군.

이런 사람
들은 항상
런던포그
코트를 갖고
있지.

멋진 트위드
글렌플래드
스포츠 코트

야간
조역 맨
소매
벨트

회색 플란넬
플럭 바지.
조금 길이 든.

정말 낡은 (얼튼?)
페니 로퍼. 양말은
바지에 맞췄어.

헤링본 해리스
트위드 외출용
모자

스웨이드
클락스 월러비

파워 도넛(power donut): 머리 중앙의 머리카락이 빠지고
주변부에만 머리카락이 남아 도넛 모양처럼 보이는 남성형 탈모
스타일을 표현하는 속어.

NEW LACES

월그린에 갈때마다 이 작은 신발관리 코너를 지나가게 돼

물론 집에 좋은 도구가 한상자 가득 있지만, 항상 한번씩 쭉 훑어봐

내 집에 있는 박스

그러다가 이걸 보게 되었어

그건 완벽했어

귀위 에서 나온 부츠끈 72인치!

와, 진짜 길다

TAKE A BREAK

수년동안 나는 (우리는) 바지를 길이에 맞게 자르고, 다림질을 한 뒤, 신발 윗부분을 스칠듯이 입었는데, 완벽했어

하지만 시간이 흐르면서, 더 넓은 바지통이 느긋하고 편안하게, 약간 길게 늘어져 있어서 더 멋져 보이더라고

오랜시간 동안 신경을 너무 많이 썼는데, 그게 좋아 보이지 않았어. 그래서 길게 내버려 둔 채로 집을 나오고 지하철에서 접어 올리고는 했어 (겁쟁이)

하지만 이제 깨달았어. 전전긍긍하여 왔다갔다 하는건 부르주아적이야. 프롤레타리아와 연대! 밑단을 끝까지 내려 버리자!

LIFE CYCLE

브로그(brogue): 스코틀랜드와 아일랜드에서 유래한
클래식 남성화 스타일로, 구두의 윗부분에 장식적인 펀칭
디테일(perforation)이 특징이다. 원래 펀칭은 농촌 지역에서
신을 때 물이 쉽게 빠져나가도록 설계된 기능적인 요소였지만
오늘날에는 이러한 디테일이 독특한 장식으로 자리 잡았다. 윙팁,
하프 브로그, 풀 브로그 등 다양한 스타일로 나뉘며, 디자인과
펀칭의 범위에 따라 구분된다.

트렁크 쇼(trunk show): 새로운 제품을 일반에 공개하기 전에 주요
고객에게 상품을 소개하는 판매 행사를 말한다. 시제품 샘플이나
런웨이에서 선보인 제품을 판매하는 경우도 있다. 상품을 트렁크에
담아 운반하던 관행에서 유래한 용어다.

에어 워크(Air Walk): 1986년 조지 윤과 빌 만이 설립한 신발 브랜드로 1990년대 중반 '더 원' 신발을 출시해 큰 인기를 끌었다. 현재 리복, 노티카, 에디 바우어 등을 소유하고 있는 어센틱 브랜드 그룹에 속해 있다.

럭비 유니언(Rugby union)·럭비 리그(Rugby league): 럭비 유니언은 열다섯 명의 선수가 팀을 이루는 전통적인 경기 방식으로, 국제적으로 가장 널리 퍼져 있다. 반면 럭비 리그는 열세 명의 선수가 팀을 이루는 보다 현대적인 경기 방식으로, 빠른 템포의 플레이 스타일을 보여 준다.

JERSEY

'12학년 저지'

더보 대학교 시니어 캠퍼스

이건 상상으로 그려볼거야. 나는 너무 '쿨'해서 이런거 안했어

DICK 03

고등학교 졸업생은 뒷면에 졸업년도와 닉네임을 새긴 기념유니폼을 받을 수 있었어. 일종의 오스트레일리아식 레터맨 재킷이야.

내 현재 최애는 이거야

MADE EXPRESSLEY FOR AWMS

AWMS 에서 샀어

선판매로 '드롭'된 한정판이야. 멋진 새 상품이 곧 출시될 예정이야! 나는 다른 브랜드 중에는 고전적인 '공식경기용' 유형을 좋아하는데, 캔터베리와 바바리언이 떠올라.

70년대 / 80년대가 미국 셔츠의 정점이었던 것 같아. 이 스타일은 여피족이 되살린 새로운 프레피 스타일이나 「애니멀하우스」 세대에 모두 잘 어울려.

1970년대 파타고니아는 아이코닉 해

그리고 포스트히피, 「어스카탈로그」세대, 야외활동 좋아 하는 사람 들에게도.

완벽한 셔츠!

홀리어 토트백

스웨이드 알든 LHS

레터맨 재킷(letterman jacket): 대학 재킷(varsity jacket) 혹은 야구 재킷이라고도 한다. 학교 정신을 대표하고 운동, 학업 또는 다른 활동에서 받은 상을 표시하기 위해 착용한다. 1860년대 하버드 대학 야구팀이 처음 입기 시작했으며 가죽 소매, 대형 장식 패치 등의 특징을 가지고 있다.

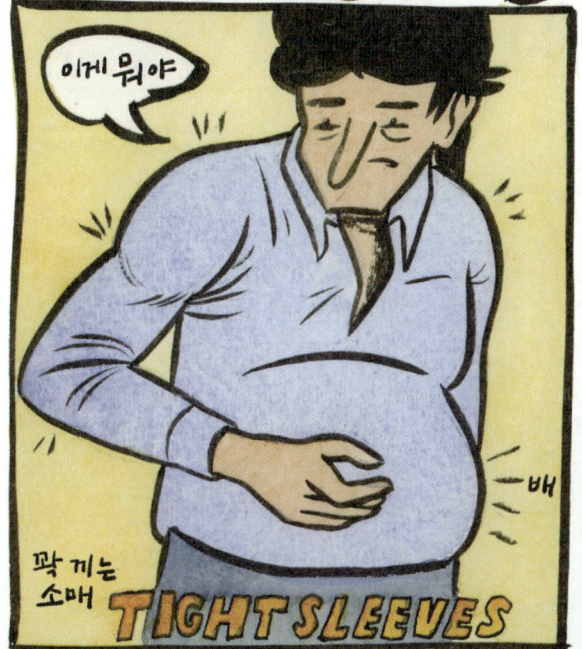

ALFARGOS

MARKETPLACE

「응, 아니야」의 신간!

다른 물건들

내가 만든 패치

모자에 바느질해서 달았어.

브룩스 브라더스 코듀로이 재킷

멋지고 큰 가죽 단추

크롤리 빈티지에서 찾은 재고품

DAY 2

둘째 날은 토요일이기 때문에 더 캐주얼하고 편하게 입어야지.

음...

저기요?

오래된 브룩스브라더스 셔츠. 모든 사이즈가 15...

알뜰 LHS 탄. 사랑받았다고 할수 있을 정도로 정말 낡은.

걷잡고그걸

무슨 생각이었을까

SNEAKERS

나는 남성복에 허구한날 등장하는 '플레인하고' '클래식한' 흰색과 베이지색 스니커즈를 좋아하지 않아.

색감이 있는 제품이 더 좋아. 물론 CV0나 반스 어센틱은 대개 그냥 지나치지 못하지만.

나이키 인터내셔널리스트 한 켤레를 갖고 있는데 최근에 신었을때 밑창이 파손된걸 발견했어.

NIKE Air Max 1
나이키 에어맥스 1

내 최애 야

새 신발을 사야 겠더라고.

어에포스 1 보다 더 매끈하고 조금더 '러너' 느낌

좋은 색상이 정말 많아.

고전적인 '뉴욕남자' 신발

ASICS Gel-NYC
아식스 젤 뉴욕

가장 최근에 구입한.

복잡함 속의 단순함

원래 대로 라면 사지 않았을 테지만 나를 부르는 것 같았어

2000년대초반에 별로 멋지지 않은 남자들이 신던 러닝화가 생각나. 노드스트롬 남성복 에는 멋진게 많더라!

딕 캐럴의 만화를 처음 본 건 2019년, 뉴욕의 아이비 스타일을 탐방하는 에피소드였다. 뉴욕에서 가장 유명하고 유서 깊은 두 동네, 어퍼 이스트 사이드와 어퍼 웨스트 사이드를 배경으로, 각 동네의 특징적인 스타일을 담은 그림에서는 옷과 사람을 바라보는 딕 캐럴만의 남다른 시선이 느껴졌다. 예를 들어, 어퍼 이스트 사이드 주민은 깔끔하게 손질된 머리를 하고 프리미엄 마켓 일라이스에서 구입한 채소를 들고 있는 데 반해, 어퍼 웨스트 사이드 주민은 다소 헝클어진 머리에 머스터드 얼룩이 묻은 바지를 입고 있다. 이처럼 사소한 디테일을 통해 동네의 분위기와 사람을 포착하는 일은 뉴요커라고 해서 누구나 할 수 있는 것이 아니다. 어쩌면 딕 캐럴이 뉴욕에 살고 있는 오스트레일리아인이기 때문에 한 걸음 떨어진 시선으로 도시와 사람을 관찰할 수 있었을지도 모른다.

귀여운 그림에 이끌려 가벼운 마음으로 시작한 번역은, 예상과 달리 한 문장마다 멈춰 서는 일이 다반사였다. 마치 가시가 잔뜩 박힌 생선을 먹는 것처럼. 「끝없는 탐색」 에피소드에는 다음과 같은 대사가 등장한다.

"우와! 60년대 브룩스 브라더스 부처 스트라이프 옥스퍼드. 앞면 단추 여섯 개, 15.5 사이즈!"

정육점 주인(butcher)의 스트라이프는 대체 무엇일까? 조사해 보니, 정육점에서 일하는 사람들이 입던 앞치마에 얼룩이 잘 보이지 않도록 프린트된 넓은 파란색 세로 줄무늬라고 한다. 줄무늬의 너비와 개수로 직급을 구분했다고 한다. 넓은 줄무늬는 견습 없이 바로 일을 시작한 정육점 주인이 착용하고, 넓고 좁은 줄무늬가 함께 있는 앞치마는 견습을 거친 정육점 주인이, 마지막으로 세 줄의 줄무늬가 있는 앞치마는 견습생을 가르치는 스승이 입었다. 이 관습이 이어져서, 넓은 파란 세로 줄무늬를 '부처

스트라이프'라고 부르게 된 것이다.

「소파 격리」 에피소드에서는 딕 캐럴이 코로나 격리 기간 동안 자신이 입었던 옷을 설명하면서 생소한 티셔츠 하나를 언급한다.

"아르펜투어 브르타뉴 줄무늬 셔츠. 겹쳐 입기에 좋고 보통 티셔츠보다 따뜻해."

브르타뉴 줄무늬란 무엇일까? 프랑스의 브르타뉴 지역 선원들은 바다에 빠졌을 때 쉽게 눈에 띄도록 파란 줄무늬 셔츠를 입었다고 한다. 이 셔츠는 스물한 개의 파란색 줄무늬가, 그 두 배 폭의 흰 줄무늬와 번갈아 배치된 구조를 갖는다. 이후 이 줄무늬는 패션계에 편입되어 코코 샤넬과 장 폴 고티에의 컬렉션을 상징하는 요소가 되었고, 로베르 두아노가 촬영한 파블로 피카소의 초상에서도 이 셔츠는 두 덩이의 빵과 함께 인상적인 이미지를 만들어 낸다.

「필요한 옷 말고 내가 원하는 옷」 에피소드에서는 딕 캐럴이 갖고 싶은 옷으로 회색 핀스트라이프 플란넬 스리피스를 언급한다. 「술집 옷차림」 에피소드에서는 바 리알토 그란데에 갈 때 입는 복장으로 밝은 회색 플란넬 초크스트라이프 정장을 소개한다. 핀스트라이프는 아주 가는 줄무늬 패턴이고, 초크스트라이프는 초크로 그은 선처럼 보이는 줄무늬로, 생김새는 비슷하지만 선명도에서 차이가 난다.

「여름 셔츠」 에피소드에서는 다채로운 여름 색감의 셔츠들과 함께, 빨강·파랑·초록·회색이 섞인 오닝 스트라이프 가마쿠라 반팔 셔츠도 등장한다. 오닝 스트라이프는 일반적으로 흰색 같은 밝은 바탕에 대비되는 색상으로 이루어진 굵은 단색 줄무늬를 말하며, 줄무늬의 폭이 넓은 것이 특징이다.

한국사전연구사에서 출간한 『패션전문자료 사전』에 등재된 '스트라이프'와 관련된 항목이 150개가 넘을 정도로—다만 그럼에도 '부처 스트라이프'와

'브르타뉴 스트라이프'는 빠져 있다—줄무늬는 다양하다. 그런데 우리는 그동안 수백 가지의 서로 다른 줄무늬를 단 하나의 단어로 희뿌옇게 뭉뚱그려 표현해 왔던 셈이다.

『뉴욕 스리프터』에는 줄무늬뿐 아니라 다양한 형태의 주머니도 등장한다. 딕 캐럴은 「필요한 옷 말고 내가 원하는 옷」 에피소드에서 빨간색 홉색 블레이저를 갖고 싶은 아이템으로 꼽는다. 이 블레이저는 금장 단추가 달려 있고 다트가 없으며, '패치 위드 플랩'이라는 주머니가 달려 있다. 그림의 도움을 받으면 이 주머니가 '덮개가 달린 주머니'라는 것을 알아차리기 어렵지 않지만, 처음 접하는 용어다. 그 형태가 편지봉투와 비슷해 '인벨로프 포켓'이라고도 불린다.

같은 에피소드에서 언급되는 회색 핀스트라이프 플란넬 스리피스의 바지에는 '아메리칸 포켓'이 달려 있다고 묘사된다. 이는 바지 바깥쪽에서 허리 방향으로 약 30도 정도 기울어진 주머니를 말한다.

「여름 필수품」 에피소드에는 프렌치 프런트, 둥글게 처리된 밑단, 그리고 가슴에 제티드 포켓 디테일이 있는 마드라스 셔츠가 등장한다. 제티드 포켓은 별도의 천을 덧대지 않고, 입구 부분만 얇게 트리밍 해 안쪽으로 숨긴 형태의 주머니다. 턱시도, 디너 재킷, 양복 조끼 등 포멀한 옷에서 흔히 볼 수 있다.

주머니를 위한 액세서리도 있다. 「사회적 신호들」 에피소드에서는 딕 캐럴이 네이비 블레이저를 입고, 재킷의 가슴 주머니에 포켓 스퀘어를 꽂는다. 포켓 스퀘어는 '포켓치프'라고도 불리는 장식용 천으로, 사각형이나 삼각형 등 다양한 방식으로 접어 연출할 수 있다. 주머니는 단순히 물건을 담는 기능을 넘어, 스타일을 표현하는 수단이 되기도 한다. 이제 주머니라는 단어 하나로는 모든 주머니를 설명하기에 부족해 보인다.

『뉴욕 스리프터』에는 줄무늬와 주머니뿐만 아니라 체크무늬, 셔츠 칼라, 반바지, 신발 등 각종 아이템을 형태에 따라 세분화하는 다양한 용어들이 페이지마다 등장한다. 딕 캐럴의 이 책이 일종의 시각화된 패션 사전처럼 쓰이기를, 그리고 그로 인해 더 정밀하고 선명한 단어를 선택하는 데 도움이 되기를 바란다.

유현선

뉴욕 스리프터

딕 캐럴 지음
유현선 옮김

초판 1쇄 발행. 2025년 6월 18일
2쇄 발행. 2025년 10월 27일

편집. 이동휘
디자인. 워크룸
제작. 세걸음
발행. 워크룸 프레스

워크룸 프레스
03035 서울시 종로구 자하문로19길 25, 3층
전화. 02-6013-3246
팩스. 02-725-3248
메일. wpress@wkrm.kr
workroompress.kr

ISBN 979-11-94232-17-9 (03590)
27,000원

딕 캐럴
만화가. 1985년 오스트레일리아 뉴사우스웨일스주
더보에서 태어났고, 시드니 예술대학교를 졸업한 뒤
미국의 파슨스 디자인 스쿨에서 일러스트레이션을
공부했다. 주로 일상 만화와 패션 일러스트를
그린다. 『뽀빠이』(POPEYE), 『브루터스』(BRUTUS),
『폴리티코』(Politico), 『뉴욕 포스트』(New York Post),
제이크루(J. Crew), 브룩스 브라더스(Brooks Brothers),
리얼 매코이(The Real McCoys), 바라쿠타(Baracuta),
자라(Zara) 등 다양한 매체 및 브랜드와 협업했고,
여러 독립 출판 만화를 펴냈다. 아내와 딸,
두 고양이와 함께 뉴욕 퀸스에 살며, 만화를 그리지
않을 때는 옷 생각을 하고 맥주를 마신다.
2017년부터 현재까지 웹진 『풋 디스 온』(Put This
On)의 '스타일 앤드 패션 드로잉스'(Style and Fashion
Drawings) 코너에 빈티지 패션에 관한 만화를
연재한다. 이를 엮은 단행본 『뉴욕 스리프터』(New
York Thrifter)가 한국에서 출간되었다.

유현선
홍익대학교에서 시각디자인을 전공하고
워크룸에서 그래픽 디자이너로 일하고 있다.
책, 영화, 노래에서 읽거나 들은 문장에 해석을
더한 사물을 제안하는 브랜드 카우프만(Kaufman)을
공동 운영한다.